U0502776

别纠结啦

もやもやスッキリ絵巻

［日］小池龙之介 —— 著
郑仕宇 —— 译

中国科学技术出版社
·北　京·

图书在版编目（CIP）数据

别纠结啦 / (日) 小池龙之介著 ; 郑仕宇译 . -- 北京 : 中国科学技术出版社 , 2024.10
ISBN 978-7-5236-0523-3

Ⅰ . ①别… Ⅱ . ①小… ②郑… Ⅲ . ①人生哲学—通俗读物 Ⅳ . ① B821-49

中国国家版本馆 CIP 数据核字（2024）第 042112 号

策划编辑	王碧玉	**责任编辑**	何英娇
版式设计	蚂蚁设计	**封面设计**	仙境设计
责任校对	焦　宁	**责任印制**	李晓霖

出　　版	中国科学技术出版社
发　　行	中国科学技术出版社有限公司
地　　址	北京市海淀区中关村南大街 16 号
邮　　编	100081
发行电话	010-62173865
传　　真	010-62173081
网　　址	http://www.cspbooks.com.cn

开　　本	880mm × 1230mm　1/32
字　　数	129 千字
印　　张	6.5
版　　次	2024 年 10 月第 1 版
印　　次	2024 年 10 月第 1 次印刷
印　　刷	北京盛通印刷股份有限公司
书　　号	ISBN 978-7-5236-0523-3 / B · 163
定　　价	59.00 元

序言

迄今为止，我曾创作过一些四格漫画，将它们汇编成册后，形成了本书《别纠结啦》。读者在随意浏览、轻松翻阅感兴趣的内容后，若能会心一笑，我将感到不胜喜悦。

本书中的四格漫画都以人们的内心世界作为主题，它们往往被埋没于日常生活之间，被遗忘在记忆长河之中。

漫画中的出场人物包括小和尚、波波鸟、小熊、小猫等，它们的举止姿态虽然略显夸张，但实际上，这却是我们现代人的映射。

我希望借由这些四格漫画与相关的评析小品文，为读者提供一些启发，以便能清晰地观察到自己情绪的起伏变化。

在此我想告诉大家，有时我们或是欣喜若狂，或是火冒三丈，或是悲痛欲绝，或是怡然自乐，但往往自身却并不明了这些情绪的由来。若能查明引发原因，则将为之释怀；但假若总是不明原委，乱作一团的情绪将会一直淤积堵塞于心。让我们采取一些简洁利落的措施，用以疏通化解它们吧。

我们常常在不明就里的情况下，为乱作一团的情绪所掌控。我衷心地希望大家在阅读本书之际，能够厘清它们并予以排解，让自己保持心情愉悦舒畅。

我们人类往往内心纠结混乱、无法看清眼前之物，甚至无法知悉内心深处的所思所想。但人类长久以来积累的大智慧，能在转瞬间以明亮的灯火驱散朦胧的昏暗。

上述事项实为后话，最为重要的是，大家能够轻松愉快地阅读本书并乐在其中。闲话少叙，让我们开始吧。

第一部分

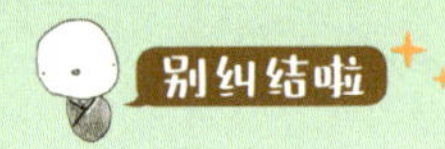

第二部分

第三部分

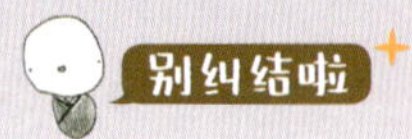

第四部分

第一部分

敏感的小熊

小熊小熊，你为争取熊权而努力奋斗，我会为你加油哦！
哎呀
什……什么！
1

嗷、嗷呜，不知道为什么，我好感动呀。
啪嗒
2

3
因为这样就感动，那这种感动也太过廉价了。

4
嗷呜
嗷呜……我的内心空虚脆弱，自己也太过敏感，这样可不好呀。

烦躁不堪之际，我们往往会想：“都是他的错，真可恶！”但是，假如能借此反省自我：“正是因为这件事，今天自己才会大动肝火”，这反而会成为探索自我的绝佳机会。

其中的特别之处在于，往日里我们明明对他人些许的冒犯行为毫不在意，但当下却忍无可忍，心中的烦躁情绪被再次激活，内心变得异常敏感。若能明白这些道理，便可理解自我。

此外，有时候收到他人释放的善意后，内心会尤为感动。一方面，我们自然需要细细体察这份善意；另一方面却也要意识到，这也是探索自我的良机。

这样，我们就能知道：“现如今我的内心空虚脆弱，因此才会变得异常敏感、易受他人感动。”

如前所述，我们并非在细细体察他人的恶意和善意，而是任由当下自己敏锐的感受力引发情绪的起伏变化。某年年末，他人的一句话无意间传入耳中，我的心里顿时充满暖意。此时我才意识到了自己内心的脆弱不堪，便将其加以记录，作为本节四格漫画的主题。（笑）

坦白小秘密

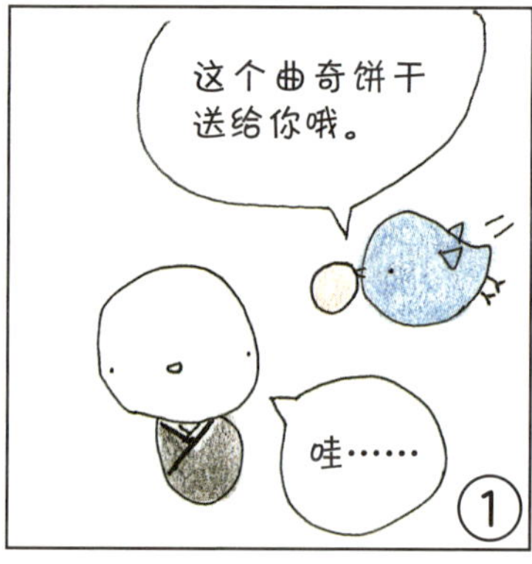
这个曲奇饼干送给你哦。
哇……
①

②
你很喜欢呀。
好开心呀！

③
那这个司康饼也送给你吧。
哎呀！

④
其、其实，我对小麦过敏，这个我可不能吃哦。
好遗憾哪！

想必有不少人都会这样想："嗯……坦白自己的小秘密，这真是难如登天呀。"

面对他人的善意，谁都会感到开心，即使对自己来说并不那么合适。

除此之外，日本人向来以和为贵，我们往往会考虑到对方一番好心，如果不把开心表达出来，就有可能伤害到对方。因此不知不觉间，我们会展现出一种过于夸张的喜悦感。

我自己也常常受人赠予一些小点心。其实，我对小麦有着轻微过敏。吃一点儿没事，一旦吃多了就会全身发痒。

在受赠曲奇饼干、玛德琳蛋糕之时，如果自己表现得非常高兴，只会让人产生误会、想要下次再多送一点，最终我只能将食物原封不动地转送他人。如此一来，对方反而会心怀歉疚。

考虑到这些后，每当收到小麦粉制成的点心时，我都会微笑着向对方表达谢意，同时鼓起勇气坦白道："不好意思，我对小麦过敏。请允许我把它分给周围的人享用。"

因过于照顾他人的情绪而含糊其词、隐藏自己内心的真实想法，这样做自然更轻松。但我认为，有时候直言不讳地向对方坦露心迹，虽会令其失望，但如此做法却更为妥当。

失败的总结

①

所以所以，我要是没在那时候出现……

咕咕。

②

总之，就是你很开心对吧。

不是啦！

③

你随意总结我的话，这可不行呀。

④

总之……你很开心？

都说了不是啦！

我们在发表主观意见时，若是被他人擅加总结归纳，则往往会认为对方误解了自己。

此时，我们或是会絮絮叨叨地再加解释，或是为他人的任意揣测而愤慨不已，或是为此而闷闷不乐……

假如一个人的言论被他人擅自总结，可依据他的临场反应评估其内心的宽容度。

其原因在于，一个人越是拼命地纠正“他人的误解”，就越不容许他人拥有自由理解的权利。换言之，他的宽容度较低。

因此，倘若你在无意间将他人的话加以总结，可能会招致对方的不快，请牢记这一点。

但如果无意间总结后，对方却毫不气恼，你则会感受到他的宽容，并对他充满好感。

大学时的一件事，忽然间浮现在我的脑海里。当时我们住在学生宿舍里，无拘无束，室友高岛在说话后被人擅自总结，他常常会随声附和对方："差不多！"脸上露出无所畏惧的笑容。

正是如此，我们不应该去纠正对方的误解，而是应该强调对方理解正确的那一部分，并且幽默地加以肯定："差不多！"

即使对方未能完全理解也要予以肯定，这也是在提升自己内心的宽容度（即忍辱修行），读者朋友们意下如何，不妨一试。

伪选项

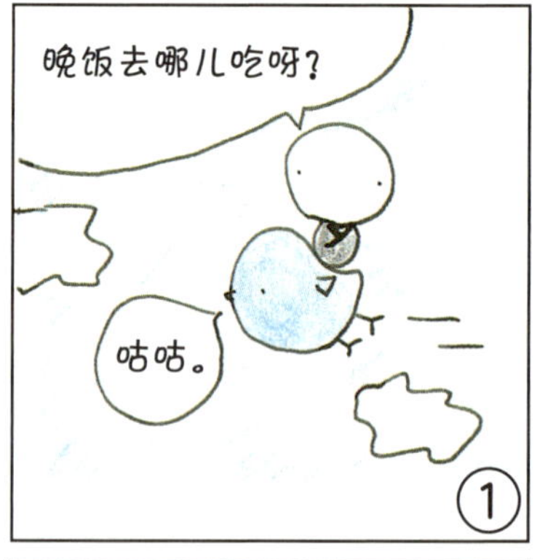
晚饭去哪儿吃呀？
咕咕。
①

是去小熊咖啡厅还是去喵喵餐厅呢？
嗯……去喵喵餐厅。
②

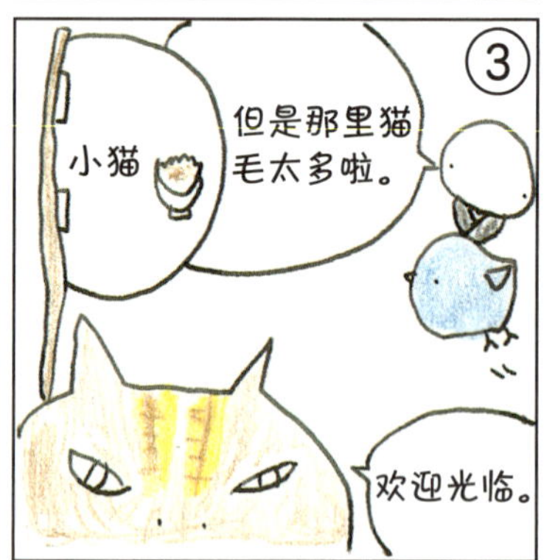
③
小猫
但是那里猫毛太多啦。
欢迎光临。

④
要是你一开始就想去小熊咖啡厅，我们就直接去好啦。
小猫

前些日子，一位在寺庙兼职打工的人问我:“是吃五香紫菜好呢，还是吃普通的紫菜好呢？”我的回答是五香紫菜。

然而，我明明已经给了他答案，他却还任性地说:“五香紫菜前一阵子已经吃过了，味道不太好呢”，最后引得我只能说:“那吃普通的紫菜好了。”既然如此，最开始只给出一个选项岂不更省事?

过了些天，我和好朋友外出共餐时，我问他:“我们是去 A 店还是 T 店呢？”他回答道:“去哪儿都行，要不去 A 店如何？”我却支支吾吾地应和道:“嗯……A 店倒也可以，只是……”

其实，我从那天一开始就想去 T 店，于是只好向他坦白了真心话:“唔，我更想去 T 店一些。如果你不介意，就去 T 店好了。”

虽然这件事微不足道，但我却察觉到了自身的某种习惯，即表面上假意将选择权托付给对方，实际上却只期待着对方选择其中的某一个。过往想必有不少人为我这一举止所烦扰吧。在此，我谨向诸位表示最诚挚的歉意，请大家一笑而过，原谅我的无心之举。

话说回来，假若被问到“能否请你为我做 XXX？”“能否允许我做 XXX？”，如果你鼓起勇气好言相拒，对方却火冒三丈、大发雷霆，你的心情也会急转直下。

对方表面上是在问你是或否，但一旦你回答否他便赫然而怒。因此，这实际上是一种强制性的命令。使人不快的原因也正在于此。

在考虑如何应对他人给出的伪选项之前，不妨先自我反省一下：自己是否有“抛给对方伪选项”的习惯呢？

小姑娘的秘密

我要写日记了哟。
①

咕咕咕。
②

③
生气
小鸟可不应该偷看别人的日记。

④
日记被别人看见便心烦不已，你可不应该将这种事情写下来哦。

请万分小心！如果你有不想被他人发现之事，即使一时之间无人知悉、放松了警惕，你的内心却会由此一分为二，身处人前与人后将截然不同。

如果你在做事、交谈和写文章时，都能正大光明地行事，不用担心为人所闻抑或是为人所见，内心将会变得通透至极。

仔细想来，在人前，你会注意吃相吧？你不会不修边幅吧？与朋友相处时，你不会像对恋人一样咄咄逼人、口不择言吧？

在个人的隐私范围内，人性的丑陋展现得淋漓尽致。诚然，某些时候不为人所关注，内心将会得到放松。但当你不愿为人所见、只想一味躲藏隐蔽之时，心中则会压力满满。

我们虽然在人前紧张不已，但同时也会笑容满面、言辞有度、饰演好人、假装开心、假意专心致志地聆听对方空洞无物的话语……

我们在人前伪装之时，内心将会紧张不安。之所以如此，是因为自己想要给他人留下良好的印象。而完成了不想做的事情后，则会精疲力竭，只想一人独处。

在紧张感的作用之下，演罢好人角色的我们一人独处时，将快速地走向另一个极端，不愿为人所见，暴露出最为丑陋的姿态。

在人前堆积压力后一人独处，你可能会想做一些负面之举，例如不顾吃相狼吞虎咽、在房间内不顾睡姿四仰八叉、在私人日记或是匿名网站上记录负面情绪……它们会进一步积攒负面能量，让你的内心更加支离破碎、四分五裂。

如此一来，若不注意个人举止，负面能量则会爆发，陷入恶性循环。想要保持良好的生活习惯，关键之处在于留心自身的言行举止是否光明磊落，例如一人独处之际，纵使所作所为为人所见亦毫不羞耻；在匿名论坛中，纵使所说言论被人公开也毫无关系。

独处之际言行举止亦能光明磊落，这才是我们内心真正价值的体现。

业力之差

你的业力累积了多少呢？
哼
①

②
即使是筷子掉了这件小事也会让我生气，我可是个嗔业用之不尽的大富翁。
嗔 痴
啪哒

③
欲 嗔 痴
嗔业越积越多了呢。

④
真是像滚雪球一样呢！
嗷呜。

正是如此，负业越积越多，人就会加速成为负业的富商大贾。

越是想要否定一切，嗔业就越积越多，性格也就越来越暴躁乖僻，人将在不幸之路上加速前行。

但是，若能掌控自身之业，则能自我约束，逐渐摆脱负面情绪，人将在快乐之路上加速前行。

如此一来，每个人的业力之差也将与日俱增。

只要未能意识到消极是导致命运不幸的原因，负业就将持续累积，不可能转负为正。因此，我们应当抓住良机，在某时某刻跳脱出负业累积的循环，体察自身之苦。长路漫漫，指路明灯即在于此。

残酷的问题

哇，你的新衣服真好看。你是在哪里买的呀？
1

我……我是在森林里的小蜜熊服装店里……
呼噜噜。
啪嗒
2

不好意思，我刚刚睡着啦。能再说一遍吗？
哼！
3

我是在小蜜熊服装店里买的这件衣服，这可是冬季热销款哦，淡蓝色的……给我认真听啊！喂……
呼噜噜。
4

当今世界，有不少人看似兴趣盎然，向对方提出问题。然而残酷的现实情况则是，当对方做出回答时，你已对此不再关心，或是神游他处、言不入耳。

在提问后的一秒内，你就已经忘记了问题本身，对回答充耳不闻，只顾埋头想自己的事情。我们听不到对方的声音，而是一味地沉浸在自我思考之中，无法自拔！

我们最初提问时，还会想着姑且一听。但一旦对方开始作答，我们则会在顷刻间感到索然无味。

究其根源，这种现象的本质在于，发问之心原本就不纯粹。我们别有用心，只是想以兴味盎然之姿态讨好对方，而并非想要探问对方的真心话。我们抑或是在暗自思忖："不说点什么总觉得有些不对劲。为了避免冷场，姑且表扬表扬他、随便问个问题为好。"

被提问者大有可能打开话匣子，一股脑地全盘托出。但遗憾的是，如此做法只会使人愈发显得愚不可及。其原因在于，一方拼命倾诉，而另一方却心不在焉。可悲可叹。

然而，兴头上的自己却对此毫无察觉，反而向对方大发雷霆道："自己提的问题自己都不听，这也太可笑了！气死我了！"这种行为却更加凸显了自身的冥顽不灵，委实不够得体。

因此，我建议大家在回答之前先有个判断："他大概只是想随便问问吧，如果在此滔滔不绝地自吹自擂，那才是不识时务之举。”除此之外，切勿忘乎所以地发表长篇大论，简明扼要地作答即可。

无我之境与自动循环

你的意志力强吗？
全日本数我第一哦。

要开始啦！
接下来我要放一首歌，请别在脑海里留下任何印象哦。
嗯。

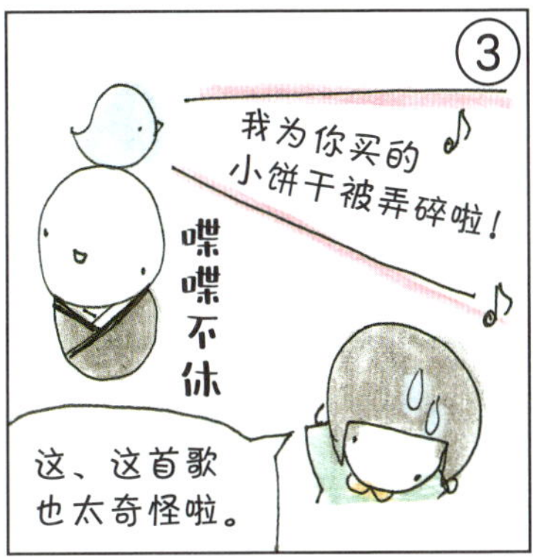
我为你买的小饼干被弄碎啦！
喋喋不休
这、这首歌也太奇怪啦。

我为你买的小饼干……
真讨厌，音乐不受控制地在自动循环。

若是留心观察，就会发现无论身在何处，周围环境都在提醒着我们，我们的心处于“无我”之境。外界播放的音乐就是最为典型的事例。

有时候我漫步街头，常常能听到一些当代的流行音乐。我本人不太喜欢嘻哈风，尤其是听到日本人鹦鹉学舌的日式嘻哈，总觉得很难为情。

虽然如此，我还是会不自觉地听下去。有时心生厌烦，却还是会坚持听到底。虽说捂住耳朵便万事大吉，但心里却还是想要接受这种“烦人的音乐”的刺激。某种意义上，自己其实对它颇感兴趣。

“烦人的音乐”可谓是一种烦恼，这种“恶趣味”之声将牢牢印刻在心里。此后，它将自动循环往复，如同脑海中出现了回声一般。更有甚者，讨嫌的曲调搭配着恼人的歌词不断重复，仿佛是在洗脑!

即使你主观上并不想在脑中回放，但留心观察内心深处，便会发现它时时刻刻都在循环播放。换言之，只要音乐入耳并刺激内心，它便会扎根内心，不断循环。这一点与我们的意志力强弱毫无关系。

当这些噪声似的冗余信息在心中不断回荡，我们的思维能力和信息处理能力将会受其影响。不知不觉间人将难以做出决断，无法连续思考问题。

此类循环是自动进行的，这也表明我们的内心完全独立于思想而自主活动。其实不仅仅音乐循环如此，我们的思维、言谈与举止，无一不是受到过往刺激的影响，自动循环并自主活动。换言之，这是进入无我之境的预兆……

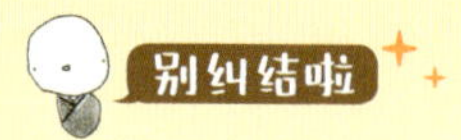
别纠结啦

不安之源

明明只是
一只小鸟，
竟然这样！
嗔

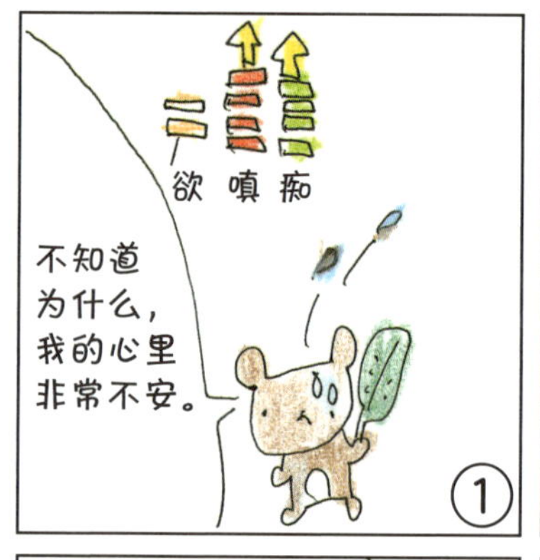
欲 嗔 痴
不知道
为什么，
我的心里
非常不安。
①

②
报应！
几天前你嫉妒
波波鸟，这是
报应哦。
嘻嘻嘻

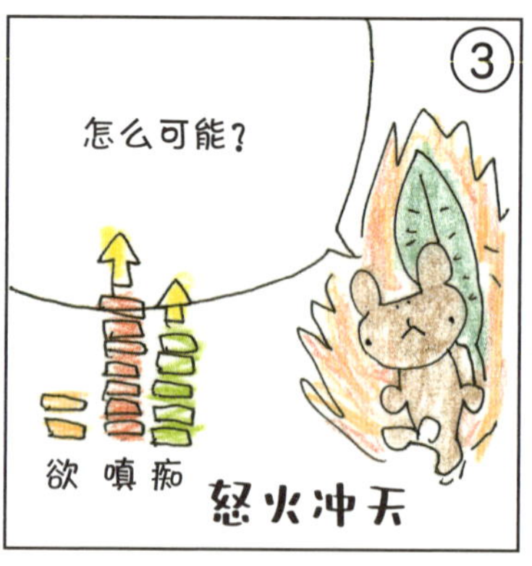
③
怎么可能？
欲 嗔 痴
怒火冲天

④
继续生气的话，
不久之后，你还
会继续不安哦。
呜呜
竟然连生气都
不行。

不速之客从内心深处走来，又再次闯入内心。一旦怨恨的烦恼产生，即使你自认为已将其置之脑后，日后它又将变成不安与寂寞卷土重来，使我们烦恼不已（纵使并非出于本愿）。

过往累积的怨恨的烦恼激活嫉妒心，催生出对他人的厌恶感。我们通过眼耳感知他人之乐后，内心却不愿接受，意图将其排除在外。

怨恨心之剧毒终将反噬自身！嫉妒心起，怨恨的烦恼亦将被再次激活并在心中滋长。怨恨的烦恼之果绵延不绝，日后必将再次席卷而来！

怨恨的心虽会暂时隐蔽潜藏，但数日之后又会重新浮上心头，使人想要否定眼前的一切。

一种情况是，一旦出现了具体目标后，怨恨的心极有可能转化为对他人的攻击之意和怨恨之情。

另一种情况是，怨恨的心找不到具体指向的目标，向内转化为不安与寂寞，人则会对万事万物漠不关心，陷入意志消沉的境地。

因此，假如你当下无可名状地坐立不安，或是心神不宁而无法专心做事，请意识到这是过往累积下的怨恨之心在悄然作祟。若能明悉内心发展的长期性规律，烦恼则将逐渐离我们远去。

再说一遍“新年快乐”

新年快乐！
欢迎光临！
1

你心里真的是这么想的吗？
啊
2

3
只是脱口而出而已。
并没有这样想哦。
嗯嗯

4
那我认真想一想，再说一遍吧。“新年快乐！”
欢迎光临！
微笑
哇哦。

不知不觉间，我们已习惯不假思索就将成篇的客套话诉说出口。

然而，它们并非我们心中所想。这些话说得越多，双方之间就越离越远，自己的内心也会愈加混乱不堪。

在日常生活中，我们也会不知不觉地脱口而出“新年快乐”“祝你身体健康”“注意安全”之类的客套话。当你想要将它们诉说出口或是书于笔端时，只需稍稍留心，即可防止心口不一的状况出现。

试举一例：在书写“新年快乐”之际，请试着闭上眼睛，在心中默念“祝他在新的一年里平安顺利、幸福美满”，怀着真诚的祝愿之心再行书写即可。

从心中祝愿他人身体健康，与此同时将其诉说出口或是书于笔端。如此一来，心中所想与口中所说便可相互协调，人也会心旷神怡。

爱提问的波波鸟

发送邮件的
注意要点
多问问题就能
提升回复率
咕
咕
1

提问，提问！
邮件内容
你的鸟喙有多重呀？要不要一起出来玩呀？
咔哒咔哒
2

3
好，发送！
拜拜！

4
唉，看样子它不打算回我。

这个世界上，存在着不少教人耍小聪明的手段。

不论是便览指南、规则手册还是书刊，上面几乎无一例外地在教人耍小聪明。

例如：主动提问题能够提升对方的回复率，故意拖着不回、直到对方心烦意乱之际再行回复，诉说自己的烦恼能让对方产生被信任感等，不一而足。

然而，这种做法只会让烦恼侵占我们的内心！心灵原本是如此清莹秀彻，若为烦恼所污染，实在太过可惜。

使用这种小手段，只会增添内心的额外负担，让事情变得一团糟，无法顺利推进。

或许一时之间，这些小手段还能派上些许用场，但长期来看却是有害无利。其原因在于，它们使用起来烦琐不堪，我们必须刻意为之。无形中，它会转化为压力和负担。

和对方相识不久，我们自然愿意花费心思。但和对方熟络以后，便会觉得这些小手段实在是麻烦至极，原本的伪装也终将剥落。

倘若你准备与对方建立长期的友好关系，就请勿被眼前的蝇头小利蒙蔽双眼。交往过程中最为重要的是，切勿偷奸耍滑，要真诚待人、顺其自然。

脱口而出的谎言

你好像不怎么购物呀。
1

清贫
嗯……我这周什么也没买呢。
哇哦
2

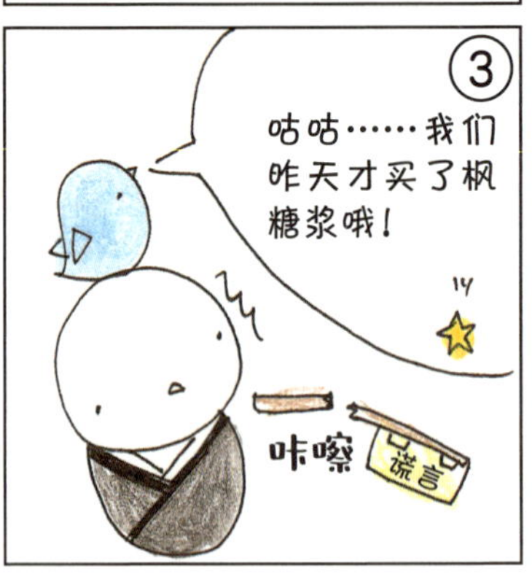
3
咕咕……我们昨天才买了枫糖浆哦！
咔嚓
谎言

4
真不好意思，我不自觉地就说谎啦。
你竟然骗我，气死我啦！

有时候，我们会不自觉地虚张声势，说一些空洞无物的谎言。即使这并非出于本意，我们却还是会条件反射性地信口开河。

例如在本节漫画中，小熊对小和尚说：“你好像不怎么购物呀。”小和尚受其影响，树立起了“不花钱为荣”的自我形象，并欣然自喜。

如此一来，这一自我印象在他的心中逐渐放大，其他信息受其遮蔽，慢慢地脱离出了他的视线。因此尽管昨天才买了东西，但他转眼间就已将之抛在脑后，最终说出：“我这周什么也没买。”

受到自我印象的束缚，我们的记忆也在逐渐地歪曲并偏离现实。

这种信息的扭曲过程将在顷刻间完成，并且只要这一过程未能终止，我们就会志得意满地撒谎：“是啊，我这一周可什么也没买。”即使事情再过微不足道，只要说出的话与事实情况不符，就会引发内心的混乱失调。毋庸置疑，这一举止损害了我们自身的利益。

其原因在于，即使自认为是在逢场作戏、虚与委蛇，这种敷衍之词一旦印刻在脑海之中，潜意识就会对它深信不疑，记忆也将变得模糊不清。你可能会暗自思忖：“咦？我昨天应该是买过东西了，难道我没有去？哎呀，记不太清啦……”

此类相互矛盾的信息积得越多，就越会影响我们的信息处理能力。倘若这一情况未能发生改变，最终，我们误解对方或是不自觉说谎的可能性将大幅度提升。“条件反射性的说谎机制”的形成原理便是如此。

稻草人非“人”

你好你好，我是稻草人哟。
你好。
①

你就是稻草人小姐吗？
②

③
呜呜呜
唉，麻雀和乌鸦都不和我玩。

④
好呀！
那我来和你玩吧。
Biu

我们就如同是记忆的奴隶。

麻雀和乌鸦看到稻草人后，认为这是可怕的人类，转身便落荒而逃。过往，鸟类曾亲眼看见同伴为人类所害，它们将对人类的恐惧深深铭记于心。因此，当它们看到同类情况发生之时，就会条件反射性地感知到危险的存在，并逃之夭夭。

对于鸟类而言，“看到人类就跑”的定理对于生存大有裨益。然而，这种条件反射性的机制却并不严密。稻草人并非真人，但鸟类看到后仍会将其认定为人，并且下意识地想要东躲西逃。

由此不难发现，此类反射性机制看似大有裨益，但实际上却是种种失败的根源所在。

负面记忆深深印刻在脑海之中，限制了我们的自由！例如，一旦遭人背叛，这种背叛感将会铭刻在心。

此后，每当想起对方，我们就会畏缩不前，下意识地思忖：“他是否还会再次背叛我呢……”

鸟类不仅限于面对人类，遇到稻草人也会逃之夭夭。与此同理，我们不仅限于面对某一个人，每当遇到相似气质之人时也会畏畏缩缩，担心自己是否会重蹈覆辙，最终事态发展极有可能真的不尽如人意。

在本节漫画中，波波鸟不为记忆所束缚，快快活活地和稻草人玩作一团。其中，似有可供我们借鉴之处。

泼冷水的妙用

我要和你讨论
一件事哦！
惊
①

②
存在本身仅仅是
关心事物的表象
因此为人们所隐
藏遮蔽为了让其
公之于众我们必
须以松散的整体
性作为隐喻并借
此提醒人们……
滔滔
不绝

③
咕咕
你真的这么
想吗？

④
嗯……
我可能……
真的……
这么想吧……
哗
啦
啦
真的这么
想吗？

某些情况下，对方说的话全无道理，听起来谬误百出，我们或许会想要加以反驳。但实际上，这一做法徒劳无功。

其原因在于，反驳这一举动也不过只是对其言论的无效模仿，这样做只会让他更加固执己见。与其如此，莫如以寥寥数语泼他的冷水。

虽说如此，但我们的本意绝非否定和伤害对方。我们表达出了无法认同之意，同时也给予了对方一个重新审视自我的良机。

我们可以提出一些简短的问题，例如：

“……唔，你真的这么想吗？”

“……唔，这是为什么呢？”

这样就可以瞬间控制住对方杂乱无序的思绪运转。

其原因在于，此前对方一直对自身的观点深信不疑，而现如今则必须在自我审视之后重新说服我们。他会暗自思忖：“这个人无法理解我，怎样才能让他明白呢？归根结底，我真的是正确的吗？”

如此一来，对方不得不审视自我，此时他便能仔细地观察内心，客观地看待自己。换言之，这一做法或多或少都能让对方从自我的世界中抽离出来、回归平静。原本深信不疑的想法，现如今多少也会有些动摇吧。

无论是谁，在阐述自身都未能信服的牵强观点，或是自身都未能明悉的“深文大义”时，内心深处必然会有所察觉。述说出口之际，说话人一定会感到胸口发闷、喉咙发紧。其原因在于，所说之言无法说服自身，必定会心慌意乱。

在受挫后对方不得不审视自我，便有机会意识到自己的错误。

但如果对方仍想继续胡搅蛮缠，或许还会强词夺理道:“这个自然，我认为……”我们虽然未能令其马上醒悟、闭口不言，但对方仍会由此体会到双方之间的沟通障碍，并且察觉到自身的强硬态度而心生歉意。

日后，这种歉意或许能启发他客观地看待自己，他将会意识到自己言辞的不当、察觉自身的过错。

如上所述，最为关键的是，给予对方自我审视的机会，让“自省力”悄然发生作用。

自欺欺人

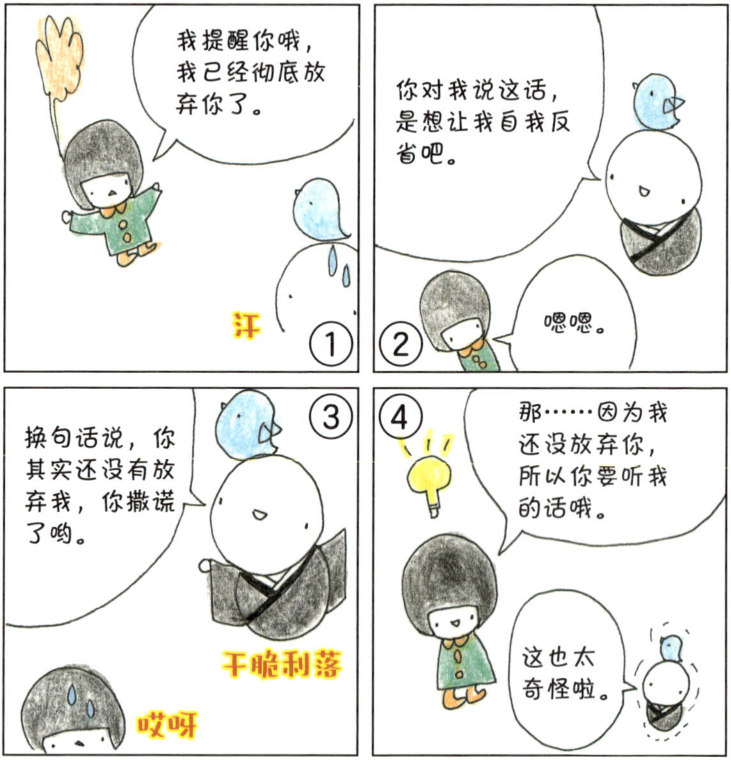

①

我提醒你哦，我已经彻底放弃你了。

汗

②

你对我说这话，是想让我自我反省吧。

嗯嗯。

③

换句话说，你其实还没有放弃我，你撒谎了哟。

干脆利落

哎呀

④

那……因为我还没放弃你，所以你要听我的话哦。

这也太奇怪啦。

有时候，有些人会摆出一副架子，向对方宣称道："我已经彻底放弃你了。"然而，这一行为在他人看来，无异于是在撒谎。

他们为什么要特意告诉对方呢？其原因在于，说话人希望对方信以为真，希望借此令其心慌意乱，恳求自己不要放弃。

换言之，说话人并未彻底放弃。但他们自身却对此毫不知情，仍然深信自己已经将对方放弃。就这样，他们在毫无察觉的情况下自欺欺人。

说话人在不知不觉间撒了个谎，心中深信自己已将对方放弃。如此一来，谎言与内心真实的欲望（即自身并未放弃，希望对方听命于己）会相互冲突。

这正是谎言的可怕之处。为了保持内心恬静，我们务必从"谎言"之中解脱出来。

重复重复再重复

将格雷伯爵红茶放入杯中，静候三十秒即可饮用，此时一点儿都不会苦涩哟。
哼
1

嗷呜……这句话我已经听你说了三遍啦！
呼呼
2

3
你觉得我不在乎和你说过什么，所以很生气吗？

4
嗷、嗷呜……

“谁都不许对我重复相同的话。”——这种富有攻击性的观点深植于我们狂妄自大的内心之中。

因此，听到同样的话后，我们不仅心情会急转直下，还会再“回敬”对方一句，诸如“这件事你才说过”“确实如此，之前好像也听你说起过”等。这些话从侧面展现出了我们内心的狭隘。

此时，我们会想：“这个人不论和谁交谈，都只想着一味地输出观点。他已将说过的话抛之脑后，因此才会不断重复。我、如此高贵的我，竟然会被他瞧不起！”

经过上述脑内活动，我们深陷于自我牢狱之中，根本听不进去对方的话。

与其如此，更为明智的做法是，平心静气地思考一下对方重复的原因所在。

烦恼之力竟是如此强大！在其作用下，同一个信息将会在自己脑中不断回荡。这一现象与意志力的强弱毫无关系。

例如，当他盛怒地批判道：“依靠奢侈品证明自身价值之人实在是愚不可及”，这句话也将深深刻在他的心里，之后不断地循环往复：愚不可及、愚不可及、愚不可及……

此后，当他听到或看到与“奢侈品”相关的词汇和物品时，内心的开关将会自动开启，他会不自觉地发表批判性的议论和看法。

同一个信息在内心深处不断重复，不知不觉间，他就会在同一人面前重复相同的话。

越是如此，他就越容易条件反射性地一再重复，人生境遇也将悲惨不堪。因此，与其气愤他总是说相同的话，莫如关心关心他为妙。

失败 全都怪你

这个茶好好喝呀！
好喝好喝。

多亏了我，当初可是我把它买下来的哦。
啪嗒

但是呢，喝完之后我的嘴好麻。
我的脑袋也变得好油呀。
嗷呜。

这不怪我，当初可是你们同意我把它买下来的哦。

某日我在咖啡厅喝茶，无意间邻桌一对情侣的谈话声传入耳畔。具体内容令人大吃一惊，大致如下（原话略显粗俗，在此稍做修改）：

“这杯气泡酒真好喝，这可是我点的哟。”

“嗯？当初说要进这家店的人可是我。”

“你在说什么呀。要不是我一时兴起点了这杯酒，你能喝的上吗？你还不快感谢我。”

“但是，你原本不是不想来这儿的吗？如果没来，你也不会点到它。”

这都是在说哪门子话呀！原来，这对情侣点了一杯美味可口的气泡酒，正在争论这是谁的功劳。

男生主动下单点了这杯酒，他希望女生能够承认这一点并且对他感恩戴德。而女生则一口回绝，反复强调是自己要求进的这家店。不久之后，他们就从拌嘴演变成了争吵。

看起来这只不过是一则笑谈罢了，但实际上这却很常见。我们往往在事情进展顺利之际，产生一种想抢功的念头：“快看，这全都是我的功劳，你快快承认这一点，快点儿表扬我。”

与此相对，当事情进展不顺之际，则会想：“这可不是我的错，全都怪你。”

如果你们一起看了部枯燥无味的电影，或是出去旅游玩得不尽兴，你是否会立刻寻找“罪魁祸首”？你或许会怪罪对方：“当初要看这部电影的可不是我哦，这全都怪你”，或是扬扬自得地推卸道：“所以说啊，我本来就不想来呀。”

在这种思想的驱使下，我们易将功劳全归于己，而将过错全归于他人。这种思维方式容易引发双方关系的破裂，请读者朋友们万分小心。

赞美与控制

哇，你的脑袋剃得可真干净呀。
光溜溜哟。
1

摸起来手感也好好。
光溜溜哟。
2

3
我这次用了四层刀片的剃头刀，很顺滑地剃干净了哟。
就是这样

4
我只是单纯地想夸夸你，可没想听你解释哦。
哎呀呀
不、不好意思。

当今社会中充斥着许多不实之言，例如："赞美是人际交往的基本点""人是在表扬之中成长起来的"等。

如果我们重新予以解读，其中是否也暗含着下述之意呢？

"我并非真心想要夸赞对方，只不过是逢场作戏罢了，为此哪怕是说谎也在所不惜。如此一来，便能在恭维之中令对方听命于己。"

在上述欲望的操纵之下，自私自利之念充斥于心间。此时，我们称赞对方并非出于真心，仅仅只是场面话罢了。

其中的目的包括：让对方喜欢自己（发展恋爱关系）；支配操纵对方，令其朝着自身期望的方向发展（教育子女、职场培训）等，不一而足。

对方被夸赞后喜不自胜，从而打开了话匣子，但是对这些内容，我们却几乎毫无兴趣。

换言之，夸奖的人只是单纯地想要赞美和操纵对方。在虚荣心的驱使之下，我们若被夸赞，便会开始自吹自擂、发表长篇大论，然而对方立时便会感觉兴味索然。其原因在于，对方心中本就不存仔细聆听之念。

有时对方的夸赞完全出自真心，或许也会因此而饶有兴味地倾听我们的话。尽管如此，还是切勿喋喋不休、令听话人苦不堪言，围绕重点浅谈几句即可。

特殊欲

哎呀，小和尚，
你头上的波波鸟
哪儿去了呀？
①

我想让你看看我独处
时的模样，只让你一
个人看到哦。
好呀
②

③
小熊小熊，
我也想让你
看看我独处
时的模样。
咦？波波
鸟去哪里
了呀？

④
原来小和尚
没有特殊对待
我，我好难过。
呜呜呜……
特殊、
特殊。
嗯？

我们时常会幻想自身的存在极为特殊。不知不觉间，我们已深陷幻想之中、为这种想法所荼毒。

幼年时，我们常常会说:“老师特别偏心，这真让人讨厌。”如果老师特别关照某位同学，我们就会瞎起哄，朝他叫嚷道：关系户、关系户……

我也曾和众人一样，无法容许这一行径。但现在回想起来，当初的自己也曾受过老师关照，那时候自己心中喜不自胜，再无其他多余想法。

实际上，我们每个人都希望被他人特殊对待和特别关照。同时，如果其他人受到了特别关照，我们则将为此而焦躁不安。

孩童时期，我们身处于封闭的集体环境之中，仅有极少部分人能够得到老师的特别关照，绝大多数人都被排除在外。

此时，求而不得的我们心有不甘，固执地认为“受人关照”这件事原本就是大错特错的。

然而实际情况则是，人人都希望受人关照、都希望被他人特殊对待。

正是因为我们在孩童时期未曾拥有上述体验，觉得这种回忆并不美好，我们才会追求一种特殊之感。正因如此，在当今无趣的世界里，各式各样的“商品”不断走向普通大众，“特殊对待”才会成为人们最终青睐的高级商品。例如，人们常说:

“他对周围的人都爱答不理，但唯独对我温柔体贴。”

“他唯独向我倾诉难言之隐。”

“他尽快完成工作，只是为了回家与我相伴。”

“他明明很讨厌看电影，却陪我一起去。”

“他明明很讨厌打电话，却打电话给我。”

在此，我姑且将这种欲望称作“特殊欲”。在其作用之下，我们将逐渐沉溺于自我之中、无法自拔。在下一节中，我将试着阐明这种心理机制的由来。

无助感与自私自利

请一定要珍惜我、好好对待我哟。
好呀好呀！
1

你能否为了我调整睡眠作息呢？
嗯……可以。
2

3
你能否为了我放弃信仰伊斯兰教？这样做我会觉得你很珍惜我哟。
啪嗒

4
哎呀，你这话也太任性啦。
是这样吗？

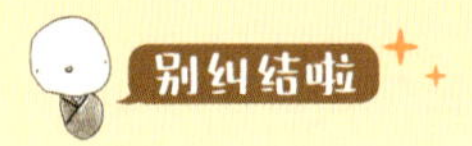

话接上节。

我们的精神状态常受外界影响，据此，或多或少地都会希望被他人温柔以待。如果同事的批评稍加严厉，我们内心则会大受伤害，暗自思忖:“你的措辞本可以再礼貌一些，我竟被你如此对待，真是无法原谅。”

然而在现实生活中，要想实现被众人温柔对待的愿望无异于是天方夜谭。无论是谁都必须学会放弃这种理想化的愿望，如此一来才能成为独立的人。

不过，恋人的存在特殊至极，我们会对他心怀期待:“他一定认为我是无可替代的唯一，会特殊对待我，并且，他定能排遣我的无助感。”

其原因在于，恋爱过程中，一方将另一方视作独一无二的存在，并且在生活中细加体察这一点（另一方也是如此）。换言之，恋爱心理即一种与众不同的精神状态。市面上的恋爱教程已对此做过详尽讨论，在此按下不表。

然而，在此将会产生一个至关重要的问题：我们需要对方做些什么，以便切实地感受到被对方特殊对待，并且排遣自身的无助感？我们对恋人抱有期待之际，提出的要求往往是对方未做之事，这一点不言自明。

然而这些事情之所以未做，归根结底是因为对方根本就无心为之。我们正是对此心存芥蒂，才会想要对方去做。

对方越是接受这些过分的要求，我们就越能从中感受到被特殊对待。这也是我们提出这些要求的原因所在。要求越是强人所难，对方的负担也就越是沉重。倘若这件事情能够轻而易举地办到，或本就是理所应当之事，你也就很难体会到对方的心意、判断他是否将你放在心上。

我们的思维方式如下：

“尽管身负重担，你还是愿意为我做这件事”→“你认为我是无可替代的唯一存在”。

上述魔咒一旦奏效，我们就会愈加独断专行、我行我素。然而没有人能够一直满足另一个人的要求！

该情况不断演化升级后，我们是否会要求对方舍弃对他而言最为重要的事物呢？认为即便如此，对方也应该将自己视作最为重要之人，并且加以特殊对待。

日本歌手椎名林檎年轻时曾演唱过《幸福论》，这首歌曲非常有名。歌中唱道：“任由光阴流转，天色风云变幻。我似对万事万物都已不再抱有期待。你的真实模样，不论是哭容还是笑颜，都令我深深着迷。我始终坚守着你的旋律、哲学和语言。只要你存在于此，这种真实便已令我幸福万分。”

心上人若能对自己说：“只要你存在于此，这种真实便已令我幸福万分”，那实在是妙不可言。然而讽刺的是，当你希望对方赐爱之际，你已在缺爱的“不幸”之中不断沉沦。欲破此魔咒，关键之处即在于歌词中的“只要你存在于此，这种真实便已令我幸福万分”。不向对方索取，才是实现幸福的核心要义。

第二部分

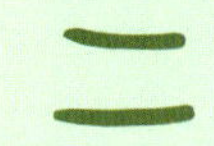

自谦之计

①
我从这片小叶子之中，悟出了色即是空的道理。
当当

②
你也太棒啦。回想起来，我小学的时候一直用不惯小叶子。
“叶子学”这门课的成绩也不太好呢。

③
哼，你为什么又开始自吹自播啦？
啪嗒

④
我这可是在自谦哟。
嗷、嗷呜。

让我们先聊一些轻松愉快的事情，由此引入正题。

我曾撰写过一篇小短文，文章内容有关我高中的求学经历。我将这篇文章投了出去，并借此机会回忆起了自己过往的交流方式。

我曾在高中时装出一副自卑而又谦逊的模样，一再对别人重复说自己的事情。

在附和对方之际，我会假意夸赞，与此同时将话题拉扯到自己身上。例如:“你居然把这片小叶子用得这么熟练，这真是太厉害了！要是我啊，那可完全不行……”或是“你的英语也太过流利了！我说英语就像是在说片假名单词[①]一样别扭，可没你说得这么好”……当今社会中，此类之事也屡见不鲜。常常有人在沟通交往之际，将原有话题悄无声息地转移到自己身上，并对自我加以贬低。

我们往往以一句赞美之词承接话题，之后便滔滔不绝地谈论自己。在自卑感的刺激之下，我们逐渐陶醉于自我世界之中。如此行径是何等不堪啊！

毫无疑问，该情况下对方也会大失所望:“我明明是在谈论自己的事情，却被你偷梁换柱，直到最后都没讲明白，恼人至极。”

---

① 现代日语中多采用音译法，将外来词汇，尤其是英语词汇以片假名形式译作日语。音译后外来词汇的发音与原发音有较大出入。——译者注

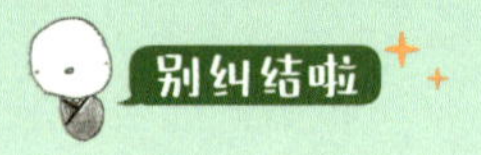

表面上假意自我谦虚，实际上却是隐藏在“自谦”这一美丽的外表之下，以自卑为乐。在此希望读者朋友们万分小心，切勿陷入这种疯狂的思维陷阱，切勿认为对方理应兴味盎然地聆听自己的谦恭之言。

将自卑感牵扯入他人的话题，并以自谦之言将谈话内容偷梁换柱，这一行径就如同“盗窃”之举一般丑陋不堪，慎之慎之。

六根的刺激

你的表情也太具有刺激性了。

哎呀。

①

请不要用你的声音刺激我的耳朵。

聒噪不堪

②

③

刺激、刺激。

不、不好意思。

④

我被你弄得焦躁不堪，你对我的刺激也太强烈了。

生气

哎呀……

所谓交流，即六根（眼、耳、鼻、舌、身、意）之间的相互刺激。刺激可分为三大类，“痛苦”、“快乐”与“非苦非乐的中性平和”。

有些时候我们不够注意，惹得对方怫然不悦。然而，对方悒悒不乐甚至大动肝火的原因究竟何在？那是因为我们施加了“痛苦”的刺激，对方为此而反感不已。

我们的表情和行为举止都会刺激到对方的视觉神经，给对方带来“痛苦”。声音的音调，会刺激听觉神经并带来“痛苦”。闻到各种气味会刺激嗅觉神经，触碰各类物品会刺激触觉神经。

其中尤为特殊之处在于，当我们产生“欲望”“愤怒”等负面情绪时，这些情绪会不自觉地感染对方，持续性地影响他的思维。因此，我们务必对此加以觉察，尽可能关心体贴对方，避免给对方施加“痛苦”的刺激。

所有一切都好麻烦

① 起床好麻烦呀，不想起床。

窝在被窝里

② 那你再睡八个小时吧。

太好啦！

③ 才过去两个小时哦。

我已经睡够啦。

④ 我现在才明白，原来睡觉这件事也很麻烦呀。

其实，撰写这篇小品文也很麻烦。（笑）

若你仔细观察便会发现，无论做任何事，其过程都必定会令人感到痛苦。并且，“麻烦之感”将随之而来。

不论是工作、刷牙、行走、梳头、接吻、发短信、睡觉……所有的一切都好麻烦呀。

我们为什么不愿意起床呢？因为起床后开始工作比睡觉更加麻烦。此时，睡觉之苦小于起床之苦。

但如果一直长睡不醒，睡觉带来的感官刺激将会不断累积，最终将会产生强烈的反作用力，令人苦不堪言。例如，睡久了会浑身酸痛，会因为索然无味而倍感焦虑……

不久后，睡觉之苦将会逐渐累积。直到某一时刻，睡觉之苦将大于工作之苦，此时我们压力陡增、无法入睡，只好起床开始处理工作事务。此时，睡觉之苦大于起床之苦。

外界的刺激只要通过六根输入人体，就会给感官神经的运转增添负担。因此，做任何事都十分麻烦。这一点与人的外在表现毫无关系。也正因如此，任何信息的输入都必然伴随着痛苦，并且悄无声息地增添着人的负担。然而，所有人都浑浑噩噩、无知无觉。

信息输入后产生刺激，增添人的额外负担。但人脑却会将这种负担转换为某种错觉，诸如“诉苦抱怨能使人心情愉悦”“发发火可真痛快啊”“被人夸赞后感受到了某种快感”“偷懒享乐真是又轻松又自在”……

但假如我们始终重复着同一件事，感官神经的负担将会愈加沉重。最终，大脑无法完成转换过程，世事之苦也将以“麻烦之感”呈现出来。换言之，此时此刻，“真痛苦”无法转换为“假快乐”，自欺欺人之计已不再奏效，现实世界的种种真相也将展现在人们面前。

美化刺激之癖

哎呀，你的样子怎么变了，现在可真丑呀。
①

那我变回来！现在如何？
锵锵
②

③
现在是很好啦，但我还是有些怀念你刚才的模样。
嗯嗯。

④
果然还是很丑！

人们在日常生活中，总是别具匠心地推崇和美化寂寞感。这次，就让我们一起来看清寂寞感的实质吧。

我们时常能听到下述言论：

“这个人生前很令人生厌。他总是牢骚满腹、喋喋不休地说个没完没了。可在他去世后，我却总觉得心中有些压抑。”

“隔壁邻居的争吵声聒噪不堪，严重妨碍了我的工作。但他们搬家后，我却总觉得有些怀念。”

“性格不合的前男友对我施加暴力，我可烦透他了！和他各奔东西之后，我另找了一个温柔体贴的男友。但和现在的男友在一起时，却总是觉得少了些什么。”

语文课本里，常常会突出描写各式各样的“寂寞感”。例如，说那个早逝的“厌恶之人”是一位“充满哀愁的中年男子”。

“现如今，我才发现自己很喜欢他。时光无法逆流而行，我无法回到过去，只能为此而黯然伤神、悲痛不已。”

这段文字颇具文学色彩、饱含沉郁之气，请与我一同为之挥洒几滴清泪。

哈哈哈哈哈哈哈，此话休提。这不过是哄骗孩童的把戏，我可不会轻易上当哟。

接下来，我将尝试着分析一下这种寂寞感的由来。每当我们接收到厌恶之人发出的信息时，在厌烦情绪的刺激作用下，厌恶

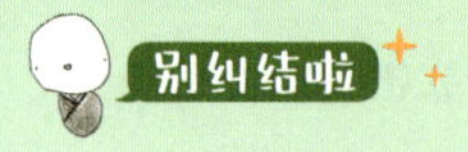

感将会被铭刻在心。

每一次，我们的心都分辨刺激的强烈程度，并且将这一信息深深印入脑海之中。

如果固定从同一人处获得信息，我们将会反复为之愤怒，甚至养成习惯。

然而对方一旦消失，你将无法获得任何刺激，心里也会焦躁不安。你可能会想:“啊，如此一来刺激感是否也会消失不见呢?”

然而事实却并非如此。当你为他悲伤不已、思念他的存在时，寂寞感，即愤怒将再次刺激内心、创造出负面消极的情绪，使人心神不宁。

读者朋友们，请务必调整好自身心态，切勿深陷其中。

或许，你曾经轻易地说出“我好想他”，或是此类的话语。但即便如此，如果他真的再次出现，你还是会觉得自己非常地讨厌他。

是你想去的哟

一起去小熊公园玩玩吧。
好呀！
①

②
要不还是算了吧。
happy bear
快乐小熊
哎？
哎？

③
因为你们看起来一点儿也不感兴趣呀。
噔噔
呼呼

④
啊……，我、我好想要去呀。
那我就陪你一起去吧。

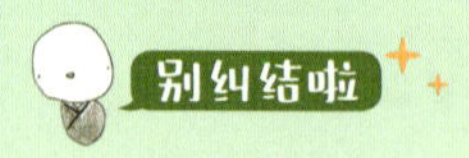

和他人一同做事时，大家常常会表现出做这件事并非出于本心，只不过是对方想做，自己在一旁相陪罢了。

此时，假如对方毫无兴趣，一股无名之“怒火”便会涌上心头。

“自己主动想要做，对方不过是在旁相陪。”上述想法一旦成立，就如同是在乞求对方陪伴自己。在自尊心的影响下，你会心烦意乱，急于告诉对方：“要不还是算了吧”，并且暗自期待对方加以挽留：“为什么呢？来都来了，不妨去看看嘛。”

此后你便可以顺水推舟地说道：“我自己也并非特别想去，但你都说到这个份上了，那就姑且去看看吧”，并且摆出一副勉强的姿态。

当人们说出“还是算了吧”这句话时，他已被自尊心所操纵。这一规律适用于任何情况。

恋爱中的一方常常嘴上说着要一拍两散，心里却又暗自期待对方加以挽留。其实，这也是自尊心在起作用。

那么，自尊心到底是如何操纵我们的呢？

如果我们给他人留下“需要对方”的印象，那么既无被人需要之感，也无法真真切切地体会到被人所爱。

这种说法或许过于直白，但实际上，只要我们不主动，令对方主动推进关系，就能更加切实地体会到被人需要和被人爱之感。

换言之，一个人越是渴望得到爱，也就越会迫切地渴望被人需要。因此，他会下意识地说“还是算了吧”，也会冥思苦想出各式各样的计策，将自己置身于被需要的一方。

敏感脆弱的现代人都过于渴望获得爱，因此总是一味地追寻被爱与被需要之感，不论男女尽皆如此。久而久之，现代人将失去温柔待人的能力。

然而令人遗憾的是，自尊心会使对方心烦意乱、焦躁不安，因此越是渴望被人需要和被人爱，反而越会生出隔阂，最终为人所厌弃。这一点，请读者朋友们万分小心。

自我保留感

好好喝呀。
我发现了一家非常棒的咖啡厅哟。
哇哦。
1

2
真不错呀，能不能带我一起去呢？
期待期待

3
嗯……或许，这家咖啡厅也没有那么好啦。

4
放宽心，这是你的自尊心在作祟啦。
摸摸头

本节漫画的第四格中，小姑娘的台词可做如下替换：“你是不是不想让其他人觉得：‘居然认为这种咖啡厅很棒，你的品位可真差呀’。”

假如自尊心过于强大，人就无法坦率地说出：“我很喜欢这家咖啡厅哟。”

与对方一同前往心仪的商店，之后却发现对方并不中意这家店。此时，你可能会下意识地猜测他的想法，例如：“他是否会觉得‘这家店明明平平无奇，这个人为什么会觉得满意呢？’”

因此，你可能会预先设置“护城防线”，用以降低他人的心理预期。例如，事先铺垫一下：“或许，这家店也并非尽善尽美。”

在介绍心仪的商店时，倘若你已对自身想法有所察觉、无法直抒胸臆，说明此时你的内心已深受束缚、丧失自由。上述自我保留感不断累积后，心灵将被不断侵蚀，自身魅力亦将化为乌有。

自作聪明

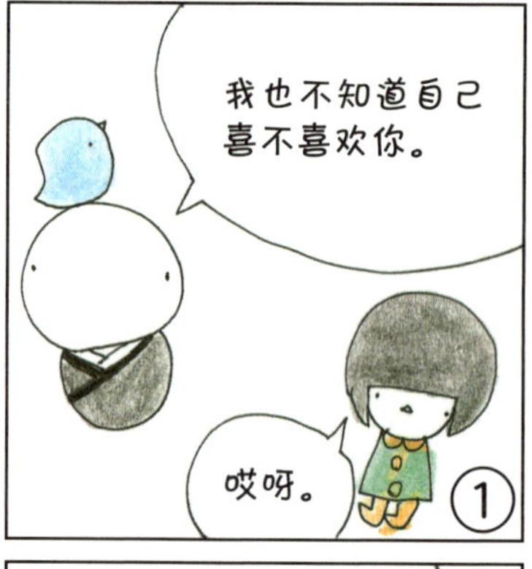
我也不知道自己
喜不喜欢你。
哎呀。
1

晕晕乎乎
不知道为什
么，我好想
缠着你啊。
2

3
哎呀，我好想你。
啪嗒啪嗒
正中下怀。

4
果然如此，我也
不知道自己喜不
喜欢你。
噔噔
唉！

令人焦躁不安的心情，化身为胸中满溢的怦然心动感，似在诉说着自己的恋慕之意。

换言之，每当我们心怀不安，暗自思量“我很喜欢他，但他或许并不喜欢我，将来很有可能离我而去”时，匮乏感和寂寞感将会涌上心头。匮乏感将会产生令人身心不适的能量物质，使人感到紧张，心跳加速。

不适之感刺激人体后，大脑将会异常兴奋，错误地将其感知为愉悦感，即将“痛苦”的刺激转换为“快乐”的幻想。

在此之前，我们感受到的心跳加速，其实是“不想被对方讨厌”的心理。

坠入爱河的怦然心动之感使人夜不能寐，工作也心不在焉。但归根结底，这都是自尊心在作祟。这又是从何谈起呢?

在自尊心的驱使之下，我们更希望对方喜欢自己，而非自己喜欢对方。换言之，我们想让对方主动追求自己。

众所周知，达成这一目标的捷径在于扰乱对方的心绪。对方若是寂寞难耐，便会主动追求自己。

具体方法如下：不主动联系和邀约、不送礼物、不再软言细语温柔相待等，不一而足。

长此以往，对方将无法通过六根感受到被人所爱，逐渐寂寞难耐、心烦意乱。

最终，有极大的概率我们能够得偿所愿。但假若借助此法算计对方，自己也将难以获得真正的快乐，最终心神皆乱。

化名为“不安”的自尊心暗自作祟，这才是怦然心动之感的本质所在。

在怦然心动之感的驱使下，不安也将不断累积，这一点连本人亦毫不知情。之后不久，对方的不安心理将会让他产生报复心理。例如，当对方身心俱疲之际（即自尊心受挫之时），就会突然变得咄咄逼人，甚至还会怀恨在心、口出污言横加辱骂。

在发展恋爱关系时，请读者朋友们切勿自作聪明、耍小伎俩，以免事态发展失控哦。（笑）

小熊日记的点击率

明天一起出去玩吧。
嗷呜！
①

嗷呜！
②
你、你生什么气呀？

③
小熊日记
明天我要去采蜂蜜哦
评论数(0)
我已经在日记里写好了明天的安排。
啪嗒

④
真是不好意思，我没看到你的日记。
生气
哼！

在输入大脑的所有刺激之中，最为强烈的可谓是与“自我”相关的刺激。

在那些网络公开的日记里，文章的字里行间全是在表达“自我”，由此便衍生出了许多与此相关的刺激。这可真是一个危险而又奇妙的异世界呀！

公之于众的日记和碎碎念若能获得他人评论或是被人转发，委实令人心满意足！自我受到这样的刺激之后，将会认为自我存在本身具有意义。

众所周知，“刺激自我”之欲一旦扎根内心，我们就会逐渐地深陷于泥潭之中、难以自拔。此时内心也会出现预兆，产生各种心理现象施加提醒，例如：“朋友看到我的日记后不做评论，为此气愤不已”“想要知道朋友是否认真阅读了自己的日记”……

换言之，如果不知不觉间受其影响，自我被持续性地刺激，我们将深受毒害、人格逐渐扭曲。毫无疑问，这是虚荣心在背后作祟。

随着情况愈演愈烈，我们也越会深陷于“自我丑化”的思维模式。例如，本节漫画中小熊可能会忖量着：“波波鸟，你理应对我保持兴趣，因此请认真阅读《小熊日记》，了解我的行程安排。”

这纯属是无稽之言！所谓“理应”，又是从何谈起！

我们为了保持日常生活中的心情愉悦，在做出决定之际，往往会评估这件事本身是否会令自己倍感不安。

由此观之，对小熊而言，撰写《小熊日记》这件事，显而易见加剧了它的不安情绪。

换言之，一股潜在压力时常徘徊在其左右，它或许会想：“你们有好好阅读我的日记吗？如果没有，我可是会伤心的。”

如此一来，每当它想要自我表达之际，受虚荣心的影响，自身也在不断地承受痛苦的刺激。当某一瞬间，它终于清楚了对方并没有认真阅读它的日记，怒火便将接力自尊心，使它怒不可遏。

曾经有不少人喜欢写日记、发博客，但他们都在愤怒的重压之下身心俱疲、对此心怀厌恶，最终索性半途而废，闭口不言。

当今社会中，自我表达的风潮在逐渐高涨。但同时，它也增添了人们的不安情绪，使人为之疯狂。

若要表达自我，则务必远离虚荣心，对评论、转发和浏览量视若无物，一往无前地表达自我并持之以恒。倘若缺乏上述勇气，从最初就放弃亦不失为良策。

重压之下的搞笑欲

快来呀、
快来呀！

哎呀，他又打算
捣什么鬼啦！
快来呀！

快给其他的
小朋友倒可
乐呀。
啦啦啦

好可怜呀，
你一定活得
很累吧。
呜呜呜
……

我曾终日心烦意乱、焦躁不安。为了掩饰烦躁情绪，放声大笑、胡作非为。

我们或是愤世嫉俗、无法适应现实世界，或是想要逃避眼前的压力。此时，焦躁不安将逐渐占据内心，而搞笑和胡闹正是逃避现实世界的不二法门。

现代社会中，搞笑艺人的社会地位急剧上升，大家都希望通过观看表演获得欢笑。这一点也间接地证明了所有人都对现实有所不满，都希望逃避现实。

孩童时期，逃避现实可是我的拿手好戏。上小学时，我每天都爱胡言乱语、乱开玩笑，或是多管闲事、给他人添麻烦。因此，也常常遭受老师的责骂。“小池，又是你（干的坏事）！”这句 S 老师的经典台词，在全班同学口中疯传，大家竞相模仿。

小学六年级时，我在作文中写道:“我今年的目标是好好上课，绝不扰乱课堂纪律。但我深感自己的本性难移，上课仍是会胡闹、给大家添麻烦。尽管如此，我还是会尽可能地努力为之。”

可以看出，在我的内心深处，已经默认了自己会不受控制地恣意妄为、胡行乱闹。

上大学后，这种喜欢胡闹的癖好已发展成了某种顽疾。我曾购买了一篮水果，晃荡在东京涩谷街头，向过路行人恳求道:“请您行行好尝一个吧，否则我的母亲将会丧命。”虽也有行人饶有兴趣地拿起水果填入肚腹，但更多的人则是惊慌失措地逃之夭夭。

还有一次，我曾为了戏弄他人，向过路行人四处打听道："您好，我听说这附近有一家星巴克咖啡厅，里面开设了一整座动物园，请问这家店所在何处？"有些一丝不苟的行人会认真思考，回答道："唔，一般的咖啡厅我倒是晓得，就在那儿，但有动物园的却是不太了解。"哎呀，这可成何体统？自己一边胡作非为，一边又自认为所做之事颠覆常识、高尚无比，真是令人束手无策。

这种癖好既给我带来无穷刺激，也附赠了无尽痛苦。我曾断定它是与生俱来，日后大概会终生随行。

然而修习佛法后，我的心态逐渐变得平和，愤世嫉俗之意与焦躁不安之感亦不断离我而去，自己再也无须胡作非为、放声大笑以刺激自我。某时某刻，我倏然察觉我的胡作非为之念已荡然无存，不禁恍然大悟，原来心态一变，人也会随之改变。

现如今，我多少还留存着一些胡闹之性，但与过往相比，已经练达老成得多了。

别再说啦

小熊小熊，这里有一封你的粉丝来信。
嗯？
小熊收
①

②
晕晕乎乎
我好受欢迎呀，嗷呜。

③
哎呀，小熊被迷晕啦。
咕咕
嗷呜、嗷呜。

④
我可没有，请你别再说啦。

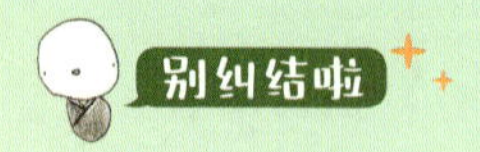

小熊收到了粉丝的来信（这可是货真价实的哟），信中写道：“小熊的样子好可爱呀！平日里总是单手持着一片小叶子，拱起圆嘟嘟的小嘴，遇到困难时发出‘嗷呜’的嚎叫声。外表乖巧之至，但说的话又很有反差感，委实妙不可言。”

粉丝在信中不吝褒奖之辞，小熊看到信后一定会欣喜若狂。然而，这可并不是件好事哟。包括小熊在内，任何人一旦被过分夸奖，就会得意忘形、心绪不宁。

一般情况，被人夸赞后，自身的欲望会受到极为强烈的刺激，此时身心俱乱、心态失衡。

要想使内心重归宁静亦非难事，只需细心观察虚荣心的作用过程即可。实际上，刺激性信息从眼耳输入之后，大脑加以改造处理，人便会忘乎所以。这个道理虽然浅显易懂，却几乎无人知晓。

若对此加以诠释，即眼睛看见并识别文字，内心接收由此产生的刺激性信息，并加工处理为快乐之感。而后，在该刺激的鞭策鼓励之下，人就表现出了忘乎所以和骄傲自满。

简而言之，眼睛识别文字后引发刺激并对内心施加影响，仅此而已。若能如此客观中立地予以观察，便可使你的内心自然而然地理解现实状况、恢复冷静，并且挣脱刺激性信息的束缚，重获自由。

也就是说，这只是刺激性信息从六根输入后，在刺激内心而

已。人们没有认清这一点的时候，才会为刺激性信息愚弄，内心之中混乱不堪。

反过来说，若你希望自己歇斯底里、激愤之意常在，则应对事实视而不见，无知无畏地生活下去。读者朋友们不妨回看漫画中小熊做出的回应："我可没有，请你别再说啦。"（笑）

篡改记忆

弯弯曲曲的
“SPINELLI”，
好吃好吃。
好吃、
好吃。
1

这个意大利面叫
什么名字呀？
2

3
它叫“SPINELLI”，
是意大利语中“弯
弯曲曲、螺旋”
的意思哦。
这样啊

4
「食品包装上写
着“FUSILLI”哦。」
FUSILLI
哎呀

我曾经邀请过一些人协助撰写稿件。事成之后，为尽地主之谊，请他们吃了意大利面。然而就在席间，我却出尽了洋相。

我将名为“Fusilli”的意大利面称作“Spinelli”，对方听到后，浮现出疑惑不解之色。英语中将“Fusilli”的意大利面称作“Spirals”，取自它们弯弯曲曲的螺旋形状。

但我的记忆却被擅自篡改了！想来是因为自己坚信意大利面之名必然是意大利语，所以将英语词语“spirals”任意转换为“spinelli”。当然，这一词语不过是生编硬造的。

我取了“spirals”的前半部分，后半部分的“nelli”仿造“silli”修改而成，便硬生生地造出了一个独一无二的全新词语。

然而关键之处在于，这一行为并非自己有意为之。当内心无法处理信息时，便会自主篡改记忆。

换言之，记忆之间越是交融混杂，该现象也就愈加层出不穷。

无论是谁，或多或少都会下意识地篡改或是自动合成记忆，据此自以为是地提出自身意见，并故步自封、对此深信不疑。不知不觉间，孤独感已在心间悄然生长。可悲可叹！

痴
欲
嗔
慢
嗔
连锁
连锁
无常

连锁反应

为了减少嗔心，我要好好地看清自己。
哇哦。
1

2
嗔心在哪里呢？
欲
痴
绞尽脑汁

3
真是的，我找不到啦。
UP
嗔
好烦
好烦

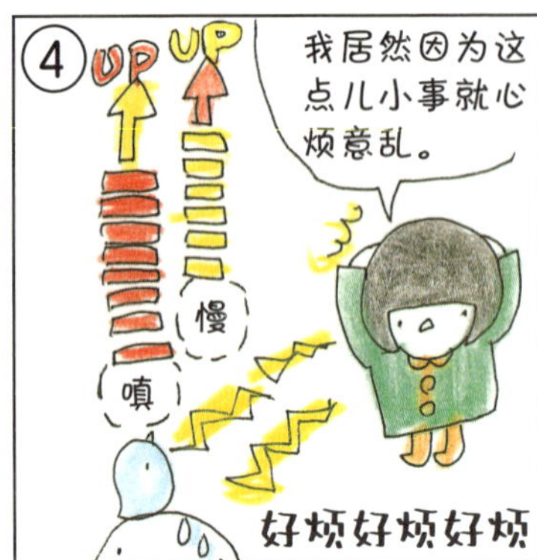
4
UP
UP
我居然因为这点儿小事就心烦意乱。
嗔
慢
好烦好烦好烦

我们的内心时刻以光速发生着连锁反应。

请看本节的四格漫画。

在开始的“痴”与“欲”中，人心之“欲”无法得到满足，从而引发了“嗔”。“嗔”又引发了“慢”，即产生出自我意识。内心因自我意识而不断受伤，再次引发了“嗔”。

上述自动连锁反应将在一秒之内完成，我们内心处理信息的速度之快可见一斑。

诸行无常，即为如此。换言之，心理现象的变化速度快如风驰电掣。与此相对，观察速度则过于迟缓。想要看清自己，难比登天。

因此，我们务必练就高度敏锐的注意力和观察力，由此才能准确地把握住内心的变化。

节约的小熊

我要买一个面包，哎呀。
新品
梅尔贝尔黑麦吐司
黑麦吐司
①

请给我一个黑麦吐司。
一共是378片小叶子。
好贵呀！
②

那我要这个便宜一点的好了。
③
营业员
呜呜呜
那一款现在正在做活动哦，售价仅为1片小叶子。

④
我一共省下来了377片小叶子。
哇哦。

当今社会正盛行着一股崇尚节俭的风气，人们以省钱为由放弃购买高价的奢侈品，转而选择廉价之物。

人们畏惧自身钱财流失的同时，也会想："本来还可以买更好的。"一旦斤斤计较，内心将为计较心所掌控。因此，虽然节省了开销，但内心深处却会认为自己做出了错误选择。此时，压力便已悄然蓄积。

讽刺的是，本意是节约，但如此斤斤计较的行为将会导致负面情绪不断累积，同时心理状态也会扭曲失衡。从长远来看，这一举动反倒有害无益。

实际上，斤斤计较的负面影响远不仅如此。计较心累积之后，自己将对忍耐自我、节省开销的做法心怀不满，但因为现实太过痛苦，我们不愿认清事实，因此唯有走上自我欺骗之路。例如，你可能会对自己说："能节省这么多，我可真幸福呀""仔细一看，这个便宜的小玩意还挺可爱的，我好喜欢它"……上述"积极正面"的思维方式在欺骗自我的同时还在不断压抑自我，只会使人愈加穷困潦倒。此外，这种做法还会积累下更多的负面情绪。

换言之，明明生活苦不堪言，却欺骗自己幸福美满。如此一来，内心便无法处理信息，负面情绪也会不断累积。

与其过度节约，我更推荐大家践行更健康的生活方式。我可以满怀自信地告诉大家，这种方式卓有成效。

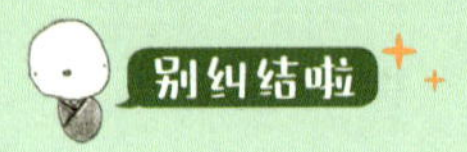

坚持练习坐禅后不久，我不再为外界蒙蔽双眼，能够直接区分出必要之物和无用之物。物欲极速降低后，仅需购买必要之物即可。也正因如此，纵使付出高价购入，也不会囊中羞涩。这种简单而又富足的生活方式，在此推荐给大家。

被成功蒙蔽双眼

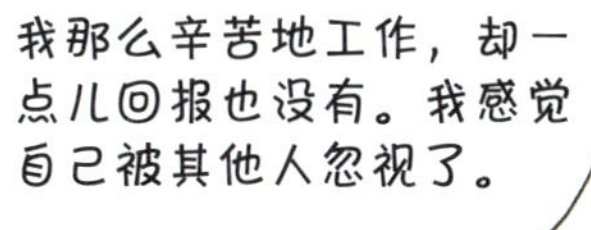
我那么辛苦地工作，却一点儿回报也没有。我感觉自己被其他人忽视了。

呜
呜
呜
①

作为劳动报酬，给你两片小叶子吧。
哎呀。
②

③
嗷呜、嗷呜。

④
要是波波鸟没有给我小叶子，我可是会一直哭到现在呢。

当事情表面上顺利进展时，我们往往对背后实质性的问题缺乏深刻洞见。

譬如，你从事的工作薪资丰厚，终日心满意足。受此影响，你一天到晚都会开开心心地上班，深信自己热爱这份工作。

但当薪资下调之际，则会抓心挠肝，工作积极性也飞速下降。此时你才明白，自己并不热爱这份工作，仅仅是渴望高薪报酬而已。用“原形毕露”一词形容这一情况再好不过。

真正的热爱，是即使毫无回报，也能纯粹地享受工作的乐趣。如同是在恋爱中，你对心上人倾注心血，却不求他做些什么。

越冗余
越无力

小熊，你好像很讨厌我呀。
哎？
①

根、根本没有，我觉得你的鸟喙很漂亮……
啪嗒
②

③
还有，你之前送给我小叶子，我也很感谢你……
态度不定
盯

④
你的叫声婉转动听，我也……忍不住啦，果然我还是很讨厌你。

当心口不一时，不论如何申辩，都会显得语言匮乏。莫如说，越申辩就越让人觉得你是在撒谎。

自己言不由衷地欺骗对方（同时也是在自我欺骗）并以文辞加以掩饰，总会让人觉得缺乏说服力。

因此，我们会想方设法再说一些什么，用以消除语言的无力感。如此一来，便会找出各式各样的理由，例如："不管怎么说我都觉得很棒……""这一点我也觉得非常好……"等，不一而足。

此外，自己还有可能会用"还有"一词罗列出各种优点，在自欺欺人的同时，还试图饰演一个好人。在此影响下，我们逐渐沉醉于自我世界之中，无法自拔。

然而，假如所说之言浮而不实，对方则会在暗中察觉到我们的口不应心。这一点，请读者朋友们万分小心！

宽容度大赛

欢迎大家参加首届宽容度大赛。
咕咕。
啦啦啦。
嗷呜。
喵。
1

接下来将开始预赛选拔，请听第一题：对方和你约定好见面时间后，却迟到了两小时。
OK
气死我了
落选
OK
OK
2

3
他迟到的理由是：和其他小动物玩得太开心忘记了时间。
什么！
怎么会？
气死我了！

4
本题中大家都心浮气躁，全体落选。大赛至此结束。
落选
落选
落选

平日里，我们和他人会面时，不免会迟到或是爽约，他人也是如此。

有时候，这可能会给对方造成莫大的伤害。接下来，让我们仔细研究一下其中的原因吧。

实际上，我们被他人爽约时，并没有受到任何伤害。对方或是因为身体抱恙，或是因为公务缠身、抽不出时间。既是如此，我们可不会为了这些事情而烦躁不安。

但假如对方突然有了更想见的人，为此而临时更改行程安排，我们则会勃然大怒、悲愤难平，甚至会大发雷霆。与此同理，己方若受贪欲影响而临时爽约、更改行程安排，对方也会大受伤害。

可以看出，我们并非执着于爽约这件事本身。若能仔细查明自身苦恼之事，便可觉察出焦躁不安情绪的源头所在。

表面上，我们认为对方的行为有违道义，为此而勃然大怒。然而，事实却并非如此。实际上，我们心里正在忖量："对他而言，其他人比自己更为重要。因此，爽约一事无异于是在羞辱我。"

在这种心理的影响下，我们会感到自己未受对方重视，自尊心受到了伤害。但这一想法有失体面，因此内心不愿觉察。我们未能洞悉自身的内在情绪，反而以道德感（即认为"对方爽约这一行为有违社会规范"的主观想法）作为掩饰这种心理的外衣。

读者朋友们若被他人爽约，请尽快察知自身的内心变化并接纳有失体面的想法，卸下沉重的心理负担吧。

快来买我哟

快来买我哟！
100日元

要不要一起玩呀？
不要。
不行。
呼呼作响
1

70日元
20日元
呜呜呜……
小熊的价格降至20日元。小熊可真孤单啊。
20日元
2

3
我真的很有趣，有没有人把我买下来呀？
20日元

4
如果有谁购买我，还能免费获赠一片小叶子哟。
10日元
20日元
10日元

孩童时期，我曾在大阪居住过一段时间。当时，自己想找玩伴，便询问其他小朋友："今天有空和我一起玩吗？"为何不直接说"和我一起玩吧"呢？想必是因为担心遭到朋友的拒绝而心怀不安。

现如今我仍能清楚地记得，邀请好朋友后遭人婉拒，内心之中失望不已、寂寞难耐的感觉。

我最喜欢的好朋友名为"小武"，他因发明了"划船游戏"而成为孩子王。每次我都会试着邀约他，但无一例外，他都会搬出"今天要学习哦""今天已经有约了"等各式各样的理由婉拒。

当时当刻，我产生出了一种错觉，感觉对方似乎是在宣称："我不需要你，我可不想买下你。"我似乎能感觉到自己的身价极速下跌，孤单寂寞之感直涌上心头。

神思恍惚的我沉浸在寂寞感之中，消磨虚度着时光。一两个小时后，我便得出结论：并非一定要找小武玩，另找其他小朋友亦无不可。

当时我认为自己是个想要寻求玩伴的小顽童，故而重振精神，拨电话给另一位要好的小朋友。实际上却是在暗自忖量着，在被小武拒绝、身价下跌之后，希望能找到其他玩伴，以此抬高身价。

换言之，我将朋友视作一种抬高身价的工具。但不凑巧的是，在那短暂的一两个小时里，很多小朋友已经找到了自己的玩伴。于是，他们也以有约为由，婉言拒绝了我。

即便如此，我仍是想方设法地纠缠到底，死缠烂打地黏着对方:“你们能不能加我一个，带我一起玩？”此时，我就如同是一个促销商品，打折降价的同时又附送赠品，希冀于借由这些手段将自己抛售出去。

但这些小伎俩毫不奏效，对方仍旧一再坚持:“今天实在不行哦。”此时，我的身价如同跌破深渊谷底一般，人也就此一蹶不振。

我与“小新”二人，有时候相互都缺少玩伴。明明双方都不喜欢彼此，却都能以最低价相互购买、舔舐对方的伤口，一起共度一段不甚愉快的时光。

十年之后我才明白，当时的自己若能自暇自逸、静享独处时光亦是美事一桩。

正是如此，自己无须特意写明价格、自我售卖，一人独处亦无妨。

其原因在于，通过冥想，我能恬然自得并专注于此时、此地、此刻。任何人、任何事物的陪伴都已不是必需品，我的心中无所缺失、充盈自足，时刻处于幸福之中。

请理解我

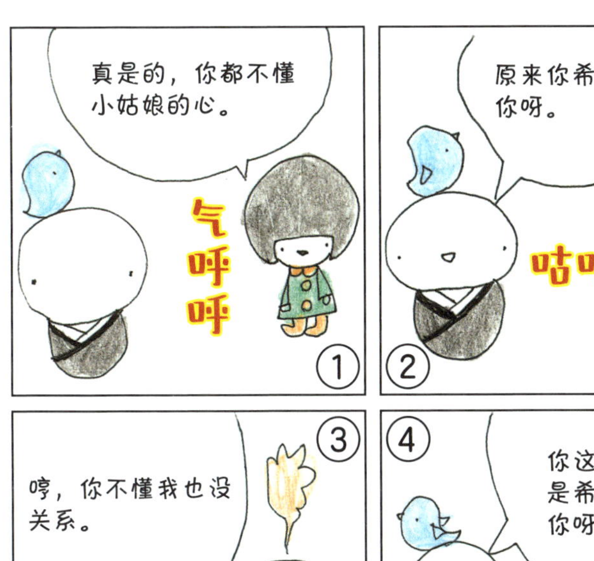
真是的，你都不懂小姑娘的心。
气呼呼
原来你希望我能懂你呀。
咕咕咕咕
哼，你不懂我也没关系。
怒气冲冲
你这么说，还是希望我能懂你呀。

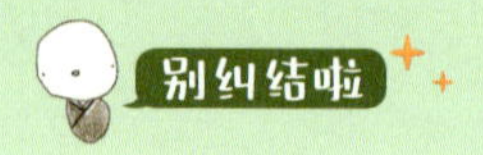

我们无法容忍所说之言被他人误解，若有错误务必加以纠正，直至对方真正理解为止。在此冲动之念下，即使错误无关紧要，我们都会为之焦躁不安，并试图加以纠正。当今社会中，多能见到因冲动之念引发的对话，例如：

“昨天你的胃不太舒服呀。”

“不不不，我不是都说了，是喉咙痛吗？”（焦躁不安）

每个人都希望对方能理解自己，受此欲望影响，常常会将辩解之言诉说出口，或是记录于网络之上。不被他人理解和认同之感会使我们闷闷不乐。

我希望你能理解我的痛苦，因此才将辩解之言诉说出口，或是诉之于笔端。

我希望你能理解、体察到我的愤怒情绪，并且与我产生共鸣。

我希望你能了解我，了解我是这样一个富有感知力的人。

虽然表面上看似这样，但事实却绝非如此！我要为我自己辩护……。因此，我希望你能理解我。

更为极端的情况则是，我们不愿被他人理解。这种心理现象的实质在于，自己想让其他人知道，自己特立独行，无须为他人所理解。

若能获得他人认同，我们会错误地产生出一种安心和喜悦之感。但实际上，这背后隐藏着一种扭曲病态的心理，即假若无法

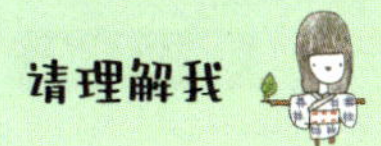

获得理解，则时时刻刻心怀不安。

那么，这一现象的成因究竟何在呢？

在不安心理的影响下，我们截取出对于自我有利的部分，构想出美好的自我形象。然而，这一自我形象实际上虚无缥缈，顷刻间便会土崩瓦解。

为了维持这种自我形象，我们不断追求他人的认同感，迫使其与自己产生共鸣，想方设法地说服和欺骗自己，希望能够弄假成真。

假若这一自我形象瓦解，自己便如同枯木死灰一般了无生趣。这就是背后真正的原因。

这也可以解释自己为何一再想要辩解。即使事情十分微不足道，只要自身所想与他人所理解之间存在偏差，便会为此而心怀不满，想要迫使对方真正地理解自己。

远离不安之苦，无须诉说出口并加以辩解，真心实意地认为不被理解亦无妨；即使未能获得他人的理解也无须多言，心平气和地接纳这一事实。若能抵达上述境界，才能获得真正的快乐。

一视同仁

送你一个小苹果哟。
好呀！好呀！
①

②
我也得到了一个小苹果哟。
哎呀！

③
小猫竟然和我一样，得到了一个小苹果。

④
小和尚竟然和我一样，得到了一个小苹果。

自己若被他人特殊对待，“自我”便会受到刺激。为了追求这一刺激，我们费尽心思，常常患得患失。

被他人请求相助时，自己心下则会忖量：“他只麻烦我一个人，说明他信得过我，我好开心。”然而意想不到的是，请求者也拜托了其他人，得知这一消息后，我们心情顿时变得抑郁沮丧。

2 月 14 日这一天里收到了他人亲手制作的巧克力，我们为此而心花怒放。然而意料之外的是，原来这款巧克力还剩下了不少，对方在送给自己的同时也分发给了其他人。得知这一消息后，我们顿时落寞不已。

如上述例证所示，此类的沮丧感和寂寞感的根源在于虚荣心。我们认为自身的存在极为特殊，理应受到他人的认可。因此，未能获得区别对待时便会感到不甘心。

若被他人一视同仁，你将认清一个残酷的事实：自身的存在微不足道，其他人亦可替换自己当前的位置。这样一来，心里大概会产生出抵触情绪吧。

但假如你冥顽不化地否认事实，坚信自身存在极为特殊、无可替代，则将为此而惶惶不可终日，无法坦诚地为他人的委托和信赖而满心欢喜，无法直率地为收到巧克力而欣然自乐。这只会使自己走向万丈深渊、陷入更为悲惨的境地。

请读者朋友们接受现实，认清“自我”不过如沧海之一粟，并无任何特别之处。如此一来，便可神安气定，长舒一口气。

请原谅，我对你毫无兴趣

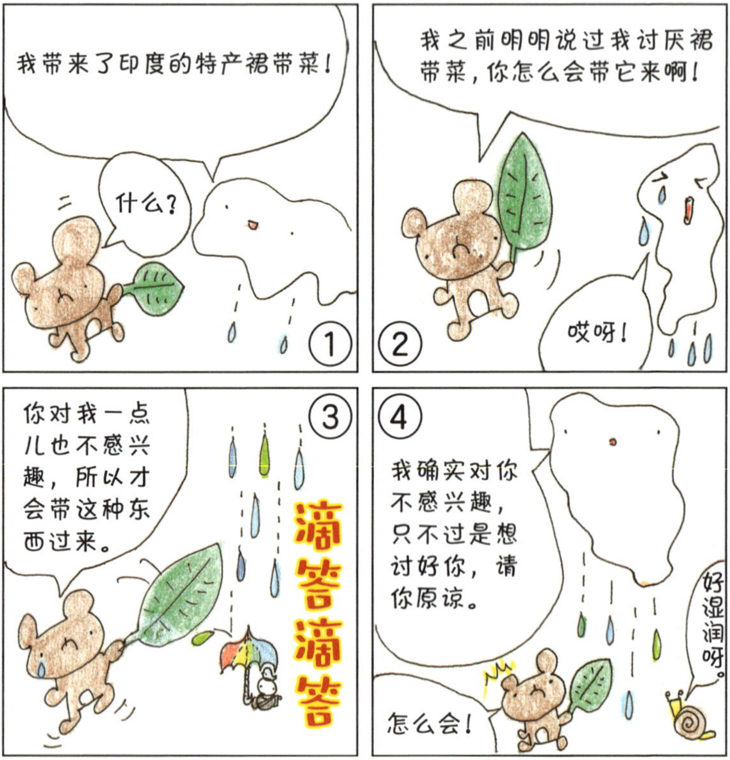

①

我带来了印度的特产裙带菜！

什么？

②

我之前明明说过我讨厌裙带菜，你怎么会带它来啊！

哎呀！

③

你对我一点儿也不感兴趣，所以才会带这种东西过来。

滴答滴答

④

我确实对你不感兴趣，只不过是想讨好你，请你原谅。

好湿润呀。

怎么会！

当今社会中，外界环境正在不断地刺激着每一个人的“自我”。

在工作中，我们虽以“合理追求经济利益”作为目的，但也会因为一些微不足道之事影响情绪稳定，或接受或拒绝他人提出的要求。这些小事往往与利益得失毫无关系，比如“被他人特殊对待”“自己的话被人接受”“被迫出丑”“受到重视”……

正因如此，交往策略的重要性也在日渐提升。我们会事先查明对方的喜好或感兴趣的话题，认真做好功课后再去会见对方。

在工作中，我们想要说服客户时，也往往会有意无意地投其所好。

例如，如果客户想要放松放松，你就会带他到饭馆、夜总会等场所，好好招待对方；如果客户想要获得条件上的优待，你则会仔细聆听他任性的要求。

这种方法能刺激对方的“自我”，让他产生被人理解之感。如此一来，对方将视你为知己，和你相处时感到心情愉悦。

这背后的原理在于，当对方表现出对我们的兴趣时，“自我”便能得到刺激、产生被人理解之感，这种感受会让人更加想要与对方共处、倾听对方的诉求和意见。

然而真实情况是，对方可能仅仅是看上去兴味盎然，妄图借此博得我们的好感。实际上，他对我们毫无兴趣。毋庸置疑，一旦失去了利用价值，对方就会一反常态，不复之前的热情周到。

倘若你仍旧渴望获得他人的理解，我奉劝你尽快舍弃这种幼稚的想法，以免被他人利用，最终反而会深陷其中、无法自拔。

第三部分

别纠结啦

我其实很想和你们一起去啦，但是我怕会给波波鸟添麻烦……
①

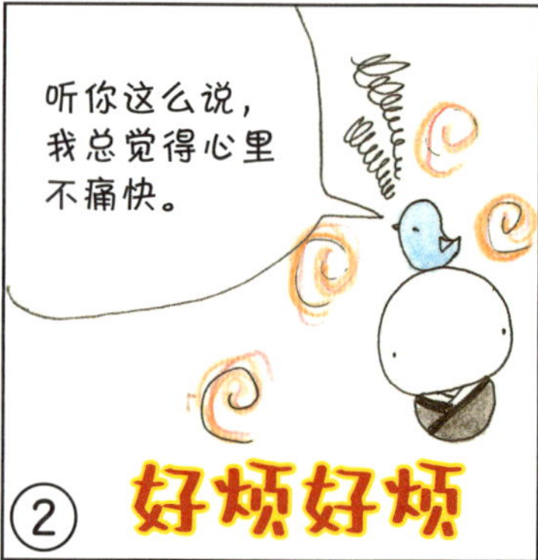
听你这么说，我总觉得心里不痛快。
②
好烦好烦

③
说实话，我其实不想和你们一起去。
哎呀！
哎？

④
你这么说，我反倒一下子轻松了不少。
我也是！

我们往往会隐藏自身的真实动机，用花言巧语加以文饰。

我们或是坚信自己体贴善良，或是为了迫使他人相信自己体贴善良，而做出自欺欺人之举。

但问题在于，假若对方心思细腻，往往容易看破我们的掩饰之举，并为此感到焦躁不安。

此外，若以模棱两可的说辞欺骗对方，即使我们主观上认为心怀善意，实际上也会为此而内疚自责、烦躁不堪，似有万千重压集于一身。

最为典型的例子是，分手时一方对另一方说："我虽然很喜欢你，但我们在一起只会让你变得不幸，还是分开为好。"在花言巧语的遮掩之下，提出分手的一方俨然成了一个善解人意的好人，但实际产生的负面影响则丝毫未有减少。

我们希望借花言巧语构建出善解人意的自我形象。但对方则会觉得如此做法有违常理，固执地认为："既然两情相悦，两人便仍可继续交往，为何还要各奔东西！"如此一来，愤怒与悲伤情绪将会在对方的心中逐渐蔓延。

分手的一方往往会搬出一些冠冕堂皇的大道理，例如："我是为你着想，这才……"实际上，其中的破绽之处比比皆是。分手一方的真实意图往往隐藏在这些谎言背后，例如寻觅到了更为中意之人，相处时间越长就越了解对方的真实品性、越觉得身心俱疲，无心再与对方共赴未来……

与其弄得彼此心有芥蒂、不欢而散，莫如坦率地表达出自身情绪、展现出所思所想，如此做法更为妥帖。

切勿责怪对方的过错，只需坦率地诉说相处过程中自身的痛苦即可。如此一来，既能疏通彼此之间存在的负面情绪，亦能或多或少地陶情适性。

别再执着啦

请尝尝我精心制作的菜吧。
嗯嗯
①

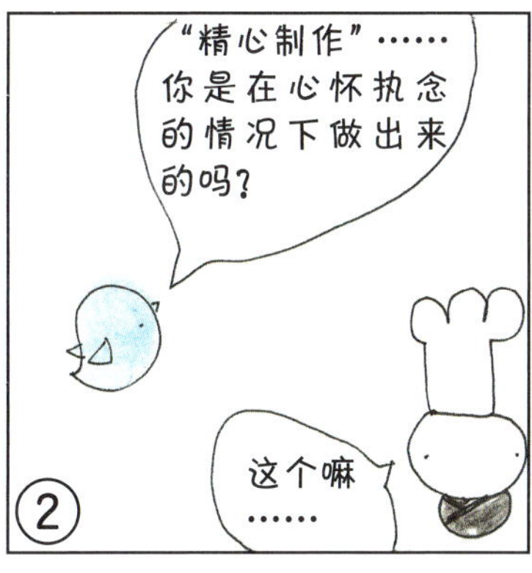
"精心制作"……你是在心怀执念的情况下做出来的吗?
这个嘛……
②

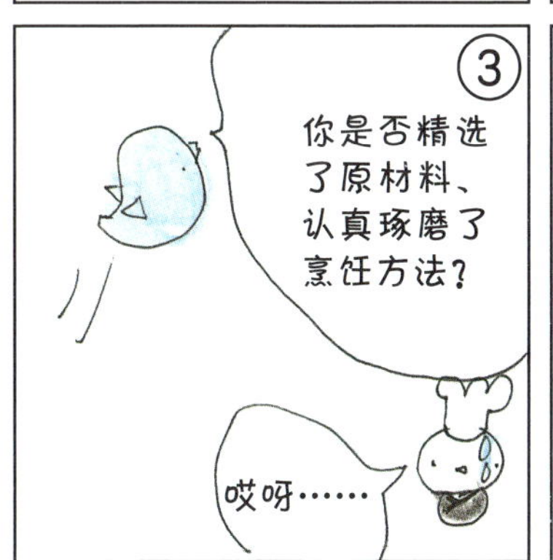
③
你是否精选了原材料、认真琢磨了烹饪方法?
哎呀……

④
这样做是否会让你感觉自命不凡?
膨胀
我、我……

或许正是由于我们的执念过重，才导致了自己终日郁郁寡欢、闷闷不乐。

日常生活中，我们执着于各类事物，例如物品的挑选、是否环保、宗教理念、食物、制作方法、说话方式、喜欢的电影等，不一而足。

我们在和同类人亲密无间地闲谈之际，很难察觉到执念会令人产生苦闷情绪。

但在接触思想观念不同之人时，我们会条件反射地认为对方思想认识上存在错误，想要令其理解并接受自己的观点，并据此夸夸其谈。但这些话却没人愿意听，反倒会令对方望而却步。

我们会拼命地解释说明，力图使对方理解自己认可的事物的美好。这样做虽会增添双方的压力，但却会让自己产生出一种错觉，即认为阐述事物的本质现象能令人心情愉悦舒畅。于是，我们就会更加热衷于将自身的观点强加于人。哎呀，如此想来，这宛如是在传教。

那么，是否存在某一标准，帮助我们区分出正常的心理状态和宗教般的执念呢？关于这一点，让我们来仔细地探讨一下。

如果一个人无法认同你所执着之事，你和他相处时，是否会感到焦躁不安？如果是，那么执念将成为引发焦躁情绪的导火索。

如果一个人无法认同你所执着之事，你是否会倾尽平生所

学，试图令对方理解？如果是，那么执念将与控制欲共同发挥作用，让你不断累积自身压力。

不难看出，执念只会累积自身压力，让你的内心变得丑陋不堪。请读者朋友们放下执念，将它们从心中一扫而空吧。

有口难言

嗯……我想回家了。
①

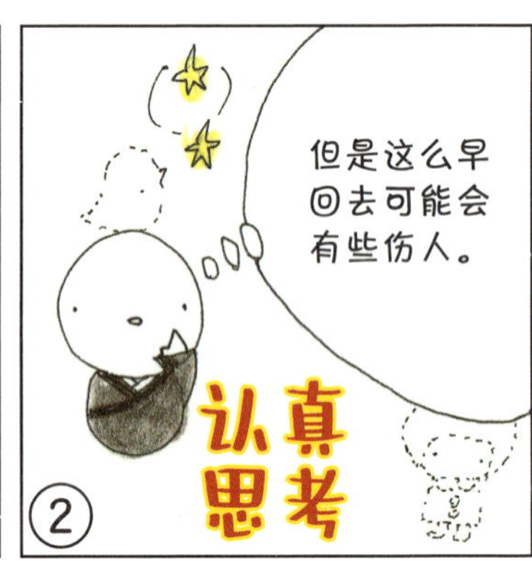

但是这么早回去可能会有些伤人。
认真思考
②

③
啊啊啊，我好想回去，却又说不出口。
我要回家了哦。

④
嗯嗯，请快点回家吧，拜拜。
好过分啊！

孩童时期，我常有这样的经历：和朋友在一起玩时想要回家，但又不想让人觉得是因为自己感到无聊才想回家，因此总是开不了口。

和他人打电话时，我也总是找不到合适的机会挂电话。一方面想着“差不多也该挂了”，另一方面却又唠唠叨叨地说个没完没了。

此时，我们不自觉地受着“好人型”思维模式的支配，不希望自身的举动伤害到对方。

但实际上，我们只是在自我欲望这一烦恼的影响下，不希望他人厌恶自己、将自己视作冷漠无情之人，这才导致压力不断堆积、有口难言。说到底，这不过是自己的一厢情愿罢了。

“啊，原来如此！自己只不过是想要营造出温柔体贴的形象。”假如你能意识到这一点，并且卸下身上的重担，就能将以前难以启齿之言心平气和地诉说出口吧。比如：“那个，你的嘴唇上粘着海苔哦”等。

小句号

②

邮件名：拜拜

我们以后再也不要见面了，抱歉，再见

③

呜呜呜

它连最后写个句号都嫌麻烦。

我们越是觉得自身痛苦，就越容易粗暴地对待他人、说些不知轻重的伤人话。

例如，在夫妻离婚、情侣分手或朋友绝交之际，很多人都只关注伤痕累累的自己，只顾着照看自己的伤口。

出于这种心理，他们会粗暴地对待对方，或是在写给对方的书信中口不择言。他们认为对方既已伤害了自己，自己就无须客气。邮件末尾连个句号都不愿写上，也正是出于上述原因。

当时的自己极有可能产生出一种错觉，即认为唯独自己沉浸于痛苦之中，对方毫无感觉。但对方既已被自己伤害，又何尝不痛苦呢?

正是如此，对方也和自己一样，有着一颗脆弱而又敏感的自尊心，也会因为自我受到伤害而痛苦不已。因此，离别之际请勿刺激他人、令彼此不欢而散，好好抚慰一下对方脆弱的心灵吧。

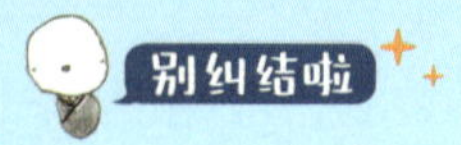
别纠结啦

他会怎么看我呢？

这个樱桃好好吃呀！
我也好想吃。
1

吃完啦！我想再买一些，顺便也给你带一点吧。
好呀！
2

3
樱桃小熊
樱桃店
等、等等，我在同一天里买两次樱桃，店员会怎么看我呢？

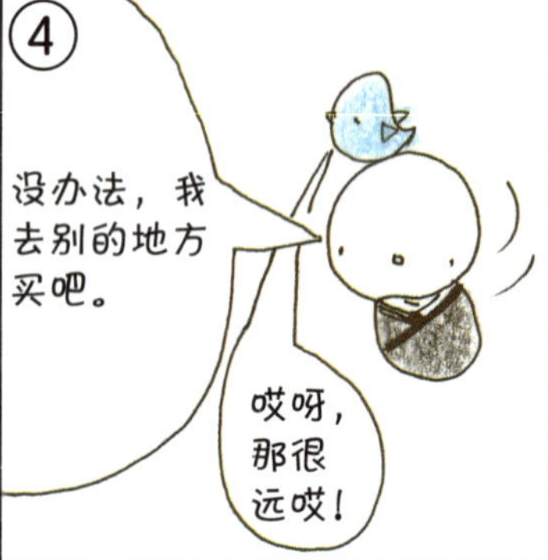
4
没办法，我去别的地方买吧。
哎呀，那很远哎！

在画下这则四格漫画的当天，曾发生过这样一件事：我在商议完毕工作事宜后，还有一些空余时间，便打算去附近的商店里买点东西。此时，我发现了自己仍保留着过往的思维方式。

实际上，我曾有半个月之久没去过那家店，但就在前一天，我去那里买了东西。那时，老板曾夸过我穿着的衣服十分合身。正打算迈步前往这家店时，我忽然间想起了这件事。

老板会怎么看待我呢？他是否会认为我很没有骨气呢？他是否会暗自思忖："这个人明明半个月都没来，这次却一连来了两天。一定是因为昨天他被我夸得太过飘飘然了吧。"

哎呀，被人这样想我可经受不住呀，还是别去为妙。我过往思考问题正是这样瞻前顾后，而后便畏首畏尾、无法采取行动。但其实真正没骨气的不是连着去商店，而是这样的想法，哈哈哈哈。

除此之外，与此相似之例比比皆是。譬如，收到了对方赠予的礼物后，如果我马上就向对方示好或是加倍温柔地对待他，他是否会认为我是个势利小人？嗯，还是不要轻举妄动为妙……

如前所述，我们越是热衷于营造出美好的自我形象，就越容易失去自由，最终将无法采取行动。

这种思维方式仍旧躲藏在我的心里，但现在的我却能对它不管不顾、一笑了之，其他人再怎么想都与我毫无关系。能够无视他人的想法、专心地购物，这难道不是日常生活中细微的幸福吗？

正是如此，每当我们犹豫不决、揣摩他人想法之际，请诸位意识到这是太在意他人的想法在背后作祟。在此，我建议诸位无须在意旁人的看法，鼓起勇气采取行动。

之后，你的心情便会像万里无云的湛蓝天穹一般，明澈而又晴朗。

营造自我形象

我给你做一道菜吧。

好呀！

①

你想营造出“又会做菜、又很爱我”的自我形象。

汗

②

③

哎呀，你说的话真是蕴含哲理啊！

嘻嘻。

④

你想营造出“成熟而又冷静”的自我形象。

汗

读者朋友们若能仔细观察，便会发现我们的任何言行举止，最终目的无一不是在向他人营造出某种自我形象，例如努力奋斗、谦逊待人、博闻强识、无私奉献、(自认为)有自知之明等。

之所以如此，是因为我们始终想要给自己下个定义，固定住某种自我形象。

一般而言，一个人越是空虚寂寞，就越渴望填补内心的空缺。他们为欲望所扰、痛苦不堪，最终便执着于营造鲜明的自我形象。

换言之，内心越是脆弱敏感的人，就越会想要表达自我、营造出某种自我形象。

遗憾的是，这一举动往往会以失败告终。最为典型的情况是，当你想要营造出"无私奉献"的个人形象时，对方会下意识地看穿我们的小心思，认为这只不过是想要对方知恩图报，借此得到自我满足。正因如此，对方将会完全打消感恩回报之意。

本节漫画中，小姑娘明确地指出了小和尚的意图，即小和尚想要给她"洗脑"，在她的头脑中印刻下某种印象。然而，在生活中却很难另有他人在旁洞察一切，为我们指点迷津。

请读者朋友们像漫画中的小姑娘一样，仔细观察自己及他人内心的起伏变化。每当想要营造出某种自我形象时，请及时地指出并勒令自己停止行动。

脱下伪装的外衣

再、再等我 5 分钟哦，我马上就到。
好，那你快来哦。
1

都过去 20 分钟了还没来。
还没来呀！
2

3
对、对不起，我迟到啦。作为补偿，我要做一桌满汉全席！
哇哦。

4
但是时间不太够，我只带了一个小柿子，不好意思。
一个小柿子呀。

我们往往会随口许诺下一些无法做到之事，试图展示自己的善意。例如，我们会说："我还有 5 分钟就到了""下次有机会带你去吃好吃的""下次一定要去你家坐一坐""如果还举办活动，请一定要叫上我哦"……然而遗憾的是，这层伪装的外衣顷刻之间便会被撕得粉碎，对方也会因为被欺骗而饱受伤害。

我们常常会下意识地希望对方心情愉悦，在这种思维模式的支配之下，我们如同机器人一般，条件反射地许下一些美好的口头承诺。

在许诺之际，我们可能是有完成承诺的意愿的，但心里会觉得这件事情非常麻烦、不愿意做。因此，顷刻间便会将其抛之脑后，兑现承诺一事亦成为空谈。

然而，听话人却很有可能铭记在心，暗自思忖："真是的，他果然又忘了，原来这不过只是一句空谈罢了。"

如果从最初开始就不轻易许诺，对方也不会受到伤害。但偏偏言过于行，便难免使对方受伤，彼此之间的信任感也会消失殆尽。

尽管如此，我们还是会轻易地许下诺言。其原因在于，我们不仅仅想让对方在当时当刻心情愉悦，还想让"淳朴善良的自我形象"印刻在心。譬如，你会认为自己恰到好处地许下诺言，没有让对方等待过久（实际上，这却会让对方苦苦等待）；自己迎合了对方的心理，令他心花怒放（实际上，这会造成不必要的麻

烦）。无论对人对己，这全都是伪善之举。

因此，如果我们没法那么快赶到，却随口许下“5 分钟就到”的诺言，这并非什么良善之举，反而恰恰证明了我们是彻头彻尾的伪君子。

读者朋友们，请从最开始就坦诚地告诉对方“15 分钟才能到”，而不要扯下“5 分钟就到”的谎言。从整体上看，这种做法更能给对方留下好印象。

自己的看法和他人的看法

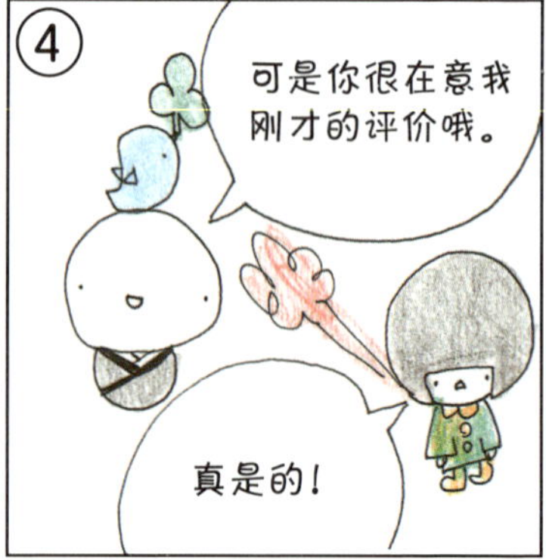

从某种意义上说，自己的看法来自他人的看法，但我们却往往容易将其忽略。

日常生活中，我们常常会猜度自己是否受人喜爱，并且希望获得其他人的喜爱。这些想法看似属于个人范畴，但仔细观察后便会发现，它们其实等同于“在意他人的目光”，即“在意外界的评价”。

我们希望他人喜欢自己，认真对待自己，眼中所见唯有自己。不知不觉间，便会将对他人的爱意置之脑后。

这一点与在意自己的面子、担心遭人排斥的想法极为类似。

生存本能深深嵌于基因之中。对我们而言，若能博得重要之人或绝大多数普通人的好感、受到他们的喜爱，将对我们的生存大有裨益。倘若依照这一生存法则，具备动物属性的我们自然会希望获得其他人的喜爱，这也是顺理成章之事。

然而依照这一法则行事，则将会始终徘徊在“缺爱”与“求爱”这两者之间，内心焦躁不安又痛苦不已，人生也将变得不幸。我想，任谁都明白这一道理。

一旦在意他人的目光，我们便会开始“自我监控”（即主观上判断自己是否受到他人的喜爱），内心会不断变得狭隘，焦躁不安的情绪也将不断增加。

请读者朋友们舍弃“想要受到他人喜爱”的想法，平稳地过

渡至“对他人满怀爱意”的内心境界。

顺带一提，有些父母可能会自恋地问孩子：“你更喜欢爸爸还是妈妈呀？”假如有小朋友受此问题困扰，我建议你们如此作答：“爸爸妈妈，你们很在意孩子的目光哟。”

我没事啦，再见

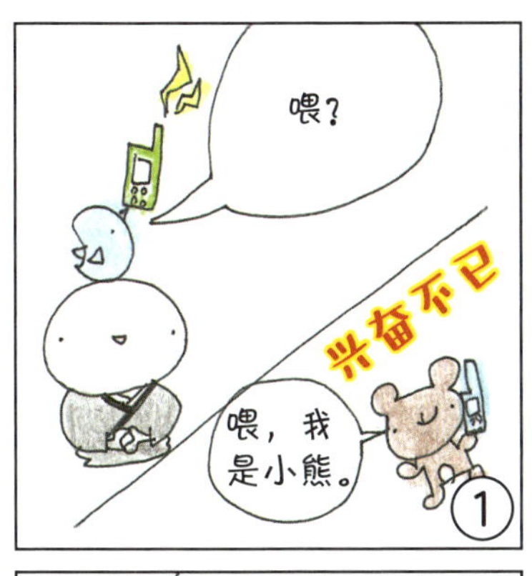
喂？
兴奋不已
喂，我是小熊。
1

那个，你知道小猫的电话号码吗？
哎呀
2

3
○△-54-2534

4
谢谢你，我没事啦，再见。
什、什么，你怎么一副若无其事的样子？

只需稍微刺痛我们想被人需要的心理，我们人类的心灵就会受伤害。

孩童时期，你是否曾有过这样的经历呢？接到朋友的来电后，满心期待对方的邀约，结果却被对方问 ××× 的电话号码是多少。此时，你是否有些沮丧呢？

人类渴望真切地感受到“自己被他人需要”，并由此获得某种快感。这一本性似是与生俱来，具体表现为对友情、爱情的需求和渴望受到万众瞩目。

在此本性的影响下，人们会产生出某种错觉，即认为自身富有价值、能够被他人所需要。

因此当你明白了他人并非需要自己，而是需要诸如电话号码之类的附属品时，原本满怀期待的幻想将会在顷刻间烟消云散，人也会抑郁消沉、灰心丧气。

遗憾的是，一般情况下，他人并不需要“我们自身”这一幻象，而是需要我们身上的某些特点，例如和蔼可亲、温柔敦厚、善解人意、包容度高、理解力强、万贯家财、看重感情、才华横溢，抑或是对他人有利的某种特性（换位思考，我们也是如此）。

对方原本不愿此事败露、装出一副淳朴善良的模样，但不久之后伪装的外衣终将剥落。

既是如此，假如你一味渴望“自己被他人需要”，往后就很容易遭人背叛而受到伤害。

为了避免今后的苦楚，每当渴望“被他人需要”之际，最为明智的做法是，将这一想法从心中一扫而空。

囤货的波波鸟

要是卖光了可该怎么办呀？
咕咕咕
糖炒栗子
又香又甜
①

我才没有那么傻呢，我可不会去抢购栗子。
若无其事
②

③
但、但是，傻瓜小熊和傻瓜小猫要是去抢购，我的那份可就没有了。
慌慌张张

④
还是先抢下来为好！

请别急，请别急。

有时，我们会因为物资不足而产生囤积之欲。

但某些情况下明明物资充足，我们却仍想去抢购，甚至引发了部分商品的短缺现象。这一奇妙的欲望究竟是由什么样的心理活动引发出来的呢？让我们来仔细地研究一下。

看到其他人急于囤货，我们在头脑中预想到了商品销售一空后自己无处可买的窘境，便也跟着一拥而上。

此时，我们的内心想法大致是："聪明的我自然知道当下的物资充足，但其他傻瓜却不清楚这一点，他们会去把商品抢购一空，所以在此之前，我务必先囤积一些，以防不时之需。"

于是，每一个精打细算、善于权衡利弊的人都会在心里暗自猜度其他人是否会做出愚蠢之举，并为此而心慌意乱。最终，聪明反被聪明误，原本的精明之人反倒做出种种愚蠢之举。

如此想来，在我们囤积物资时，头脑中会下意识地轻视其他人，将他们当作冲动消费的傻瓜。换言之，我们对其他人充满了不信任感。

如果遇到上述情况，请读者朋友们务必保持镇定，切勿轻视他人、阻碍物流运转哟。

暂且

这个文件
该怎么处
理呢？
Biu
暂且先放在
那边吧。
①

我选一个什么颜色的
帽子比较好呀？
暂且先选黑
色的吧。
②

闪闪
发亮
③
你还要继续工
作几年呀？

④
暂、暂且先坚持
20 秒吧。
20 秒呀
……

很久以前我便意识到，自己很爱用“暂且”“总之”之类的词。

实际上，我的心里暗自思忖着：“自己的想法变幻不定，明早起来可能又是一个样子。”受内心多变的影响，我会预先做好一些铺垫，以防之后反悔。譬如：

“你要去哪儿？”

“我还没想好呢，总之先出去走走吧。”

“你的具体工作时间是？”

“暂定上午九点工作到下午五点，具体时间安排日后再定。”

此类模棱两可的回答，真是让人觉得不足为信。

但事实本就如此，近来周身的环境瞬息万变。与过往相比，我更加无法预料自身的变化发展，目前所在何处，今后又会走向何方。

虽然当下仍旧笔耕不辍，但或许过几天便会止笔弃稿。

比起写书创作，日后若有良机，我更愿意将生活的重心放在全身心地探索自我和全神贯注地指导学生坐禅之上。

人生苦短。不管怎样，在生命终结之前，我们总是处在连续不断的变化中，以“暂且”之姿态立足于世又有何妨。

今后走向何方，这亦非自身所能决定的。我所能做的，只是抓住命运赋予的良机罢了。总之，先努力地过好今天，未来之事日后再作思量。

花钱买面子

欢迎光临。
请给我……

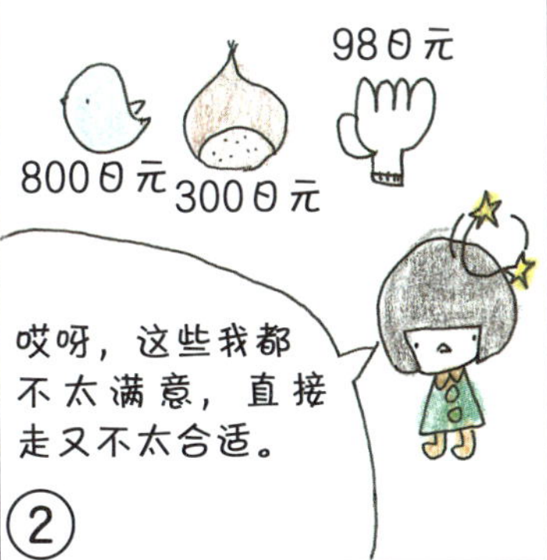
800日元
300日元
98日元
哎呀，这些我都不太满意，直接走又不太合适。

请给我那副手套。
一共是98元，谢谢惠顾，欢迎您下次光临。

到底什么时候才会用得上这副手套呀。

你是否曾有过这样的经历呢？走进商店一看，发现什么也不想买。此时，你是否会不自觉地在意店员的目光，心中思忖着总是要买一点什么才好呢？

在一些奢侈品店里，这种情况更为常见。店员就在自己身侧，无形中更增添了几分压力。

或许有些时候，为了逃避这种压力，不知不觉你就购买了一些无用之物，如同本节漫画中小姑娘购买手套一样。

那么，这种莫名其妙的压力到底是从何而来呢？说到底，这不过是自己顾及面子，害怕惹店员不快。

正是如此，与其说是购买商品本身，莫如说是在买面子！

假如你感觉到虚荣心在不断膨胀，请心平气和地从其他角度客观审视自己，意识到这是虚荣心在作祟。之后便能放下包袱，什么都不买就直接走出商店。

原来的话题是？

咦，我们为什么
会聊到南瓜呢？
嗯……
1

2
那是因为我们聊
到了味噌汤里的
食材。
原来如此！

3
嗯……那我们又是
为什么会聊到味噌
汤的食材呢？
嗯……

4
那是因为我们聊
到了日本的饮食
文化。日本人多爱吃
味噌之类的发酵食
品，这也是日本文
化的一大特点哟。
原来
如此。

有时亲密的朋友在聊天时话题十分跳跃，但双方却都乐在其中。

然而聊天内容过于散漫，其中一方便会探问另一方："咦……我们现在在说些什么呀"，彼此之间的气氛也多少会有些尴尬。

虽说聊偏也有聊偏的乐趣在，但假如双方完全忘记了最初的话题，又不知道因为什么才会聊偏，大概彼此都会感到困扰吧。我想，有过上述经历者不在少数。

想来，这大概是因为聊天的话题太过脱离自身掌控，让人心生不悦。

正因如此，如果我们顺着话题倒推回去、回忆起了最初的话题，视野则会变得清晰而又开阔，心情也会好转不少。

犹豫不决的小姑娘

①
邀请波波鸟来我家玩吧。

②
哎呀！
不行不行，它要是用喙啄我妈妈，那可不得了。

③
还是请小和尚来我家玩吧。

④
啊……
噼里啪啦
不行不行，他要是把碗打碎，那可就糟了。

一旦过度思考，顾虑之事就会越来越多，人也难以做出决断，容易陷入胡思乱想的思维循环中。换言之，越思考就越难行动。

假如头脑里唯存顾虑之事，人将对现实世界漠不关心，纵有美食入口也食之无味，身体的反应也将变得迟钝缓慢。

倘若一个人忽视现实世界中的身体感受，同时暗自规划着对未来的种种设想，那么他的内心之中既会充满对未来的期望，又会留存不安的焦躁情绪。

如此一来，他在当下将无法做出决断，行动也将变得迟缓。

请为此困扰不已的读者朋友们尝试着活动一下身体、集中精力做做运动，借此脱离胡思乱想的思维循环。

将精力集中于身体动作之上时，胡思乱想之念将会减弱不少。之后你便可迅速地做出决断，朝前继续迈进。

无法接受批评的小熊

我的新书《小熊诗集》出版啦，请你们谈一谈读后感吧。一定要是真心话哦。
①

这本书没有品位，不太好看。
好无聊啊！
哼！
②

③
小熊竟然连话都说不出来了。

④
气、气死我了，我想听到的可不是这些。

善意的调侃和吐槽有助于缓和关系。

但假如其他人给了你一些改善建议后，你却认为这是在否定自己，并为此而大动肝火。往后，他人将无法直言不讳地向你提出建议。

遭到他人否定时，我们会下意识地散发出某种负能量，脸色也变得不太好看。我们可能会说出种种借口反驳对方，例如："不是你说的那样，实际上是这样，因此我的书毫无问题""《小熊诗集》看似品位不高，但实际上这是聪明的小熊故意为之罢了"……

如果你只是一味地消极回应，对方就会认为你太过固执己见，无法接受他人的意见，此后再也不会直言不讳地向你吐露心声。倘若再次被问，他也只会浅谈几句无关紧要的敷衍之词，往后对你敬而远之。

请读者朋友们放松心情，容许对方的调侃和吐槽，淡然处之。如此一来，才能听到对方的肺腑之言。

小熊老师

你在干什么呢？
小熊老师。
哼。
①

②
别以为叫我“老师”便可以为所欲为哦！
咦？

③
那……叫你“什么都不是的小熊”好了。
哼！

④
啦啦啦，“什么都不是的小熊”。♪
气死我了！

我们是怎样称呼其他人的呢？称呼方式既困扰着我们每个人，同时也在影响着称呼者与被称呼者。

假如自己一直以来称呼对方为“雅人君”，某一天下定决心叫他“小雅”。在欲望之力的操纵下，双方的内心都会发生变化。

亲昵地称呼对方既会使他心花怒放，同时也会对自我内心产生巨大影响，让自己真真切切地感受到“我和对方的关系变近了”。

不知不觉间，下述循环便已形成：感受到彼此之间的亲近感→改用亲昵的称呼→意识到这一点后，进一步稳固这种感觉。

反之，假如你一直称呼对方为“小幸”，某一天突然改称“幸代”或“你”，此时愤怒之力将会在双方心中掀起波澜。

当不客气地称呼对方为“你”时，说话人会重新认识到“自己对对方心怀敌意”。换言之，自己必须顺应这个称呼，一直对对方保持敌意。不知不觉间，这种厌恶情绪将被固化，再难轻易将其摆脱。

此外，商人会在顾客的名字后附加上“先生”二字，例如“田村先生”等，以此奉承对方。

在出版界，我们也常能见到编辑将作家称为“××老师”，以此恭维对方。

毫无疑问，他们也有自己的小九九在。他们希望通过这些方

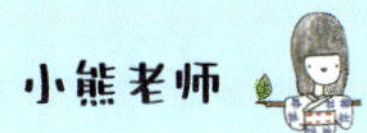

式迎合顾客的虚荣心，从而获取利益；抑或是想让作家积极投身创作，早日交稿。

请读者朋友们自觉地意识到这一点，切勿被称呼的魔力影响哟。

如果我不在了……

你是否会在心中设想：假如自己不在了，对方应该会萎靡不振、意志消沉。

离开一段时间之后询问对方的近况，假如对方神清气爽、恬然自得，自己便立时感到大失所望、灰心丧气。实际上，我们暗自期望着对方受到自己的影响，自己一旦不在对方便心事重重。然而讽刺的是，假如对方真如自身所想，自己也会因此而手足无措。

上述“影响力之战”的战况往往瞬息万变、出人意料。在职场上也是如此，假如你得知自己休假后公司照常运转，则会认为“自己不在也无关紧要”。此时，你甚至会暗自希望同事们束手无策，工作无法正常开展，以满足自己的虚荣心。

其实我们并没有那么重要。即使自己不在，对方也能愉快地生活，公司也能正常运转。请读者朋友们接受这一点，放平心态，继续投入生活与工作之中吧。

不准说“还有”哦

你为什么总是一副粗心大意的样子啊？
气鼓鼓
①

②
对、对不起。我之后会好好注意的。
2
1

③
还有啊……
等等！

④
“还有”之后的事情我可不想听哦。
好吧！

如果某一部分回忆受到了刺激，我们就会连续不断地联想并激活与此相似的回忆。

因此在指责对方的缺点时，我们不经意间就会回想起对方其他的缺点，连珠炮似的说个没完没了：“还有……”

然而，被指责缺点会对我们的内心造成伤害，随着被指责次数的增加，这一数值并非在机械地累加，而是如同指数函数一般翻倍。假设指责一次会对我们造成 4 点伤害，那么，连续指责两次便会造成 4×4=16（点）伤害。若是脆弱敏感之人，第一次造成 10 点伤害，第二次则会造成 10×10=100（点）伤害。这一简单的公式与事实情况大致相符。

有时也正因如此，对方好不容易听进去了第一点，却又受到了第二次冲击，内心惊慌不定，最终干脆将两次指责都抛之脑后，仍旧自行其是。

因此我们在指责他人的缺点时，说完第一点后请至少间隔两周，待对方心平气和之后再续前言。

孤独的波波鸟

他其实是个表里不一的小人哦。

真的吗？他的情况我不了解。

他送过我蜂蜜，我觉得他是个好人。

我说的明明是事实，为什么没有人能理解我？

有时我们对某些人深恶痛绝，会不自觉地想要将他的所作所为告诉旁人。并且，我们会暗自期待对方给予如下回应：“原来如此”“我虽不太了解，但你说的肯定错不了”“我能理解你的心情”。

通过获得他人的认可、引发双方共鸣，我们能汲取到些许慰藉。然而在这之中，也不难窥见人性的弱点。

纵使所说内容出人意料，我们也会暗自期待着亲友们能够认同自己。

倘若他们不置可否，自己则会大受打击，自怨自艾道：“他们竟然不相信我的话”“比起我，他们更愿意相信那个人”。更有甚者，我们可能会极端地认为，这个世界上无人值得信任。

有趣的是，比起我们认为他是好人而遭受反对，我们认为他是坏人而遭受反对时，更容易产生愤怒情绪。我想，这是消极情绪对人的影响更为深刻使然。

被反驳后我们会勃然大怒，急于告知对方：“那个人明明戴着伪善的面具，实际上他在背后搞小动作，你为何不能理解我呢……”

此时，纵使我们气急败坏地指出那个人的缺点，听者也难以判断内容的真实性。

但唯一可以确定的是，我们在指出他人缺点之际，消极情绪也悄然间占据着我们的内心。

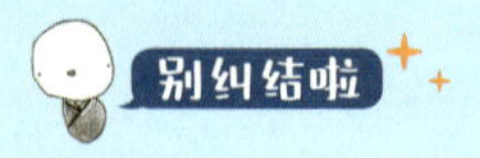

换言之，如果一个人过度挑剔他人，那么他只会被认定为是个“爱嚼舌根之人”。

假如你能重归理性，便可醒悟到，这种做法无法获得他人的认可。意识到这些事情毫无意义后，便可向前迈出一大步，成为一个独立自主的人。

追求一致性的小猫

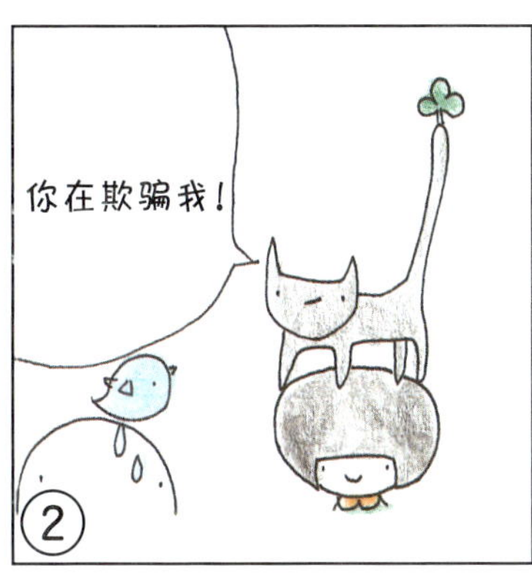

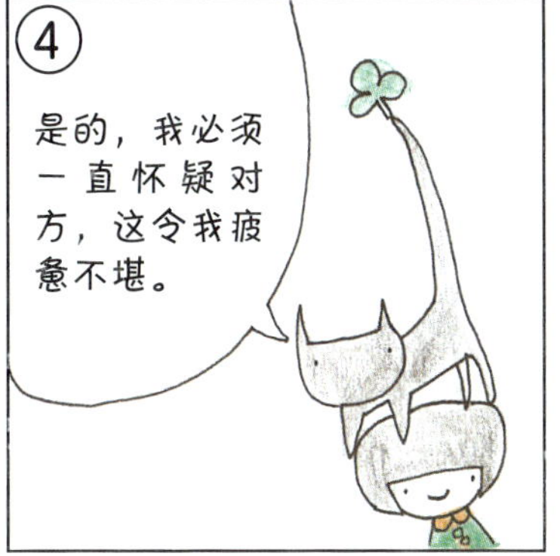

无论是谁，都讨厌欺骗与被欺骗。

例如，其他人对你说："你还没做完吗？哎呀，我可不是在催你"，你则会认为："虽然你没直接说，但我还是觉得你在催我。"

此时，对方传递给了我们两个相互矛盾的信息，即"我其实是在催你"和"我是一个好人，我没有在催你"。

接收到这些信息之后，我们的内心混乱不已，所以才会疲惫不堪。因此，我们必须否定其中的一则信息，才可避免陷入身心俱疲的境地。在这一过程中，我们会变得焦躁不安、不自觉地怀疑对方。

因此，如果你在无意间欺骗他人，对方的内心将会产生混乱，人也会变得烦躁不安。请读者朋友们万分小心哦。

第四部分

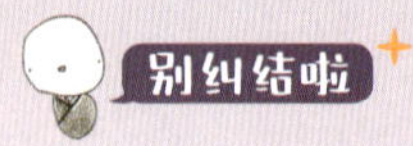

果断的小姑娘

①
在模棱两可的情况下相信和等待对方，或是直接遭受对方的背叛，你觉得哪种更好一些呢？

②
当然是后者，这样能排解我的烦闷情绪哦。

③
倒不如干脆一些，直接离我而去为好。

④
遗憾的是，对方可能连背叛你的勇气都没有哦。
哎呀。

过往我也曾创作过与此类似的四格漫画。这次，我想尝试着从不同的角度再次审视这一问题。

由于内心讨厌相互矛盾的信息，我们往往试图强行消灭这些信息，这一点在前文中业已提及。然而，就在我们信任对方、满怀期望地等待对方之际，内心也容易产生相互矛盾的信息。

有时候自己满怀期待、想要相信对方，却马上又会转念："他可不足为信……"，之后又会死灰复燃，"自己果然还是抱有一丝幻想……" 我们在这两种想法之间不断徘徊，内心受其控制，心烦意乱、痛苦不堪。

因此，与其滞留于此"灰色地带"，莫如快刀斩乱麻、果决地将事情处理妥帖，这样反倒更能心情畅快。

假如你一直在焦躁不安地等待对方的回复，不如暗下决心："对我而言，你的回复无关紧要"，如此一来更能轻松自由。然而，我们身处于现实世界之中，很多事情往往无法黑白分明地给出明确的答案。不知不觉间，我们已在其掌控下不得自由。

自我意识

①

你还没有写好呀？哎呀，我这可不是在催你。

②

哼，你竟敢催我？

③

我希望你尽快做好哦。当然，这也不是在催你啦。

④

你只是想装出一副温柔体贴的样子，好狡猾啊！

嗯，算是吧！

我曾为人所托，撰写了一篇文章。盛夏时分，我将稿件装在信封里邮寄过去。但在之后的一段时间里，稿件如同石沉大海般杳无音信。

于是，我又去信一封，询问后续情况。开始，我在信中写道："敢问拙文可被录用？当然，我可毫无催促之意。"

哎呀，任谁看到这封信后都会生出被催促之感，但我却伪装出一副好人的姿态自我辩解。如此一来，将会生出某些相互矛盾的信息（这在上一则漫画中也已出现），令对方困扰不已。

意识到这一点后，我对信的内容略加删改，尽可能使文字简洁明了。去信后，我又在笔记本中加以记录，留作之后四格漫画的主题。

总而言之，自我意识好比是对自身意图的否认和辩解，两者看似完全不同，实际上则是相生相伴。

遭到误解的波波鸟

①

哈喽，波比鸟。

我、我可不是波比鸟。

②

波波鸟总是爱说："……丢"，好好玩。

③

我、我虽然有说过"去吃饭哟"之类的话，但我从来没说过"……丢"。

④

波波鸟还只是个雏鸟，竟然都会飞了。

我可不是雏鸟。

咕咕咕

除了第一格漫画中的“波比鸟”，实际上，读者朋友们曾多次向我提出过另外两个问题。（笑）

遇到此类情况时，我们的头脑中会涌起一种“忍无可忍”的冲动之感，内心变得焦躁不安，意图加以辩解。

然而从另一方面看，它们其实也是强烈执念的体现，例如：“我是波波鸟，可不是波比鸟”“我可从来不会说‘……丢’”“我可是鸽子的亚种哦”。

但就在最近，我却体会到了某种放松之感。哪怕有人误解了自己，倘若他真的这么想，那么也无须特意加以修正，一切悉听尊便。

如此一来，我们将会倍感轻松。也正因如此，我们无须在无用的辩驳之言上费心思，彼此之间的交流也会变得顺畅无比。

还有一年呢？

①

我炒股赚大钱啦！

②

如果你的生命只有一天，你还会炒股吗？

我不会。

③

还有一个月呢？

应、应该不会。

④

还有一年呢？

兴高采烈

那我会。

让我们来玩一个思维游戏吧。

请你回想一下自身热爱之事，并思考下述问题：假如生命只剩下一天，你是否还会继续热爱它呢？

若你产生了退却的念头，毋庸置疑，你做这件事一定是为了未来的发展而牺牲了“当下”。

其原因在于，假如未来已不复存在，那么你也没有理由为它而做出牺牲，你将不会再为它花费时间。

倘若还有一个月？还有半年或是一年呢？你可以这样不断延长，并借此提醒自己。即便你自认为还可再活五十年，但那也不过是“两年、三年……”的不断延续罢了。

不对等的爱意

我们能隐约地从下面这句话中，窥见“喜欢”一个人的本质：“我虽然有些委屈，但还是很喜欢你”。

我想如果喜欢上一个人，在幸福甜蜜的同时，也隐约地会感受到某种不甘心吧。

“我对你的爱意满满，你对我的爱意却只有我对你的四分之一……”此时，双方之间的爱意并不对等，这种不甘心便浮出水面。

自己喜欢对方远胜于对方喜欢自己，此时我们便会感觉到自身处于某种劣势地位，自我价值有所下降。其原因在于，喜欢一个人正是在降低自己、抬高对方。

正因如此，如果过于喜欢对方，内心的不甘心就会悄无声息地不断累积。

假如把自身的爱意比作 10，而对方的回报却只有 3，我们就会将爱意降低至 2，以此维护自尊心。

然而，这一做法会令对方感受到价值下降并受到伤害，甚至会反过头来施加报复。

最坏的结果是，对方看到我们的爱意变成 2 后，反将自身爱意降低至 -2。如此一来，彼此之间好比是在打一场爱意贬值的价格战。

因此，如果你喜欢上某人，请务必做好如下心理准备：“我会更喜欢你一点，虽然如此一来会让我有些委屈，但这也是无可奈何之事。”那么，让我们带着勇气出发，将自身的爱意更多地献给对方，共同奔赴这场恋爱之旅吧。

寂寞之病

①

啊，是小羊。我好想要。

咩。

②

我可是很贵的哟。

越来越想要了。

③

你真的想要养这只羊吗？

嗯……

④

我只是想让你给我买奢侈品。

咩。

如果仔细分析一下就会发现，“让他人给自己买东西的喜悦”并非来自“物欲”本身。

我讲一个自己的故事，这段经历可作为反面教材供大家参考。

大学时，我曾在杂志上看到过一件 hysteric glamour[①] 的银白色格伦粗呢大衣，当时非常想要拥有它。自己虽然买得起，但却故意唉声叹气道：“我好想买下这件大衣，无奈口袋里穷得叮当响……”

如此一来，女朋友实在看不下去了，便用寥寥无几的打工薪酬买下了这件昂贵的大衣。当时的我沉醉于自我幻想之中，认为自己值得其他人为我购买奢侈品，并且获得了片刻的欢愉。

正是因为这件几万日元的大衣能令对方倾尽寥寥无几的存款，我才觉得弥足珍贵。如果对方家财万贯，我大概会想要一些足以令她在破产边缘徘徊的奢侈品。

换言之，我是在确认对方是否会为自己倾尽所有，纵使身陷危境也在所不惜。

实际上，拥有这种心理的人与其说是想要钱和奢侈品，毋宁说是想要确认“自身是否拥有足够的魅力，让对方纵使为我倾尽家财也在所不惜”。换言之，他们已身患“寂寞之病”。

---

① hysteric glamour 是日本知名设计师北村信彦于 1984 年成立的日本服装品牌。——译者注

因此，“想要得到礼物”便意味着“身患寂寞之病”，这种说法毫不为过。创作本则漫画时正值圣诞节之际，请读者朋友们在交换礼物时务必牢记这一点哦。

吃我一记牵制球①！

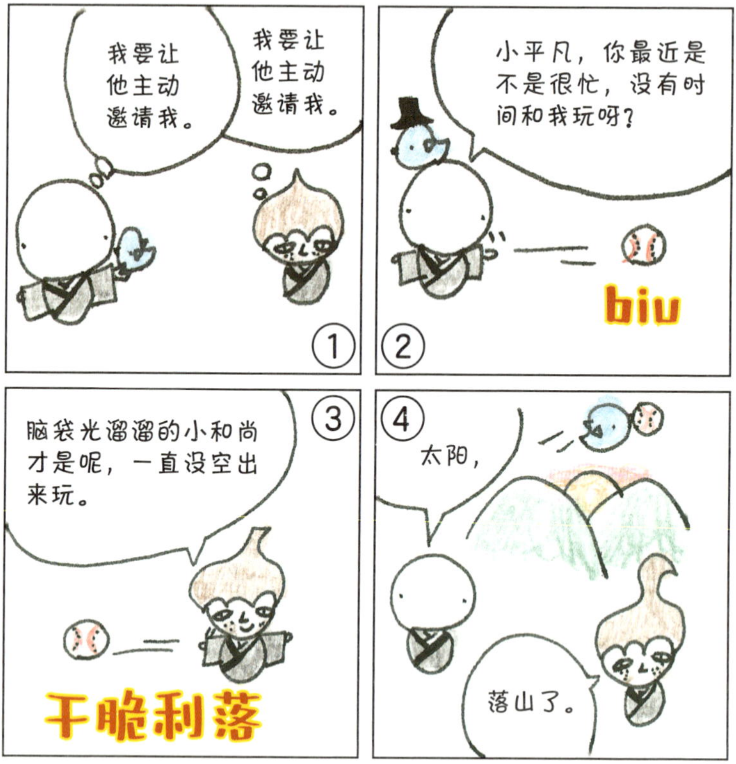

①

我要让他主动邀请我。

我要让他主动邀请我。

②

小平凡，你最近是不是很忙，没有时间和我玩呀？

biu

③

脑袋光溜溜的小和尚才是呢，一直没空出来玩。

干脆利落

④

太阳，

落山了。

---

① 牵制球指的是棒球比赛中，投手在活球状态下将球传向野手，以试图将提前离垒的跑垒员触杀的动作。——译者注

（小平凡终于登场啦！）

我们为了提升自我存在的价值，动辄便会产生“被对方需要”的愿望。关于这一点，在之前的漫画中我也曾提及过。

一旦养成习惯后，我们往往会被动地等待，不主动邀约，而是想让对方主动出击。

任何人都是如此。我们害怕主动邀约但被对方拒绝，导致自我价值降低。出于上述顾虑，我们会说一些反话加以掩饰，诸如“你太忙了，没有时间和我玩吧”等，但实际上，我们其实是想要邀约对方的。换言之，这些不过是为了避免受伤打出的牵制球罢了。

我们暗自期待着对方给予否定答案：“我最近不太忙哟。”但是，反话会发挥牵制作用，对方若不费一番心力便无法予以否定。反之，要是顺水推舟地回答道：“最近很忙，下次再说吧”，则会更为省力。

如此一来，双方都未能理解对方的心意，反而一直在打着毫无意义的牵制球。最终双方都想出去玩，却迟迟无法做出决定，这可真是讽刺啊。在徒劳无益的来回试探中，彼此的价值都有所下降。因此，坦率地表达出自身心意，未尝不是一件好事。

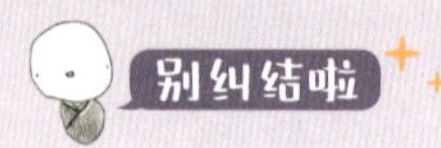

波波鸟的回旋镖①

①
今天你的脑袋一点儿也不滑溜，我坐在上面好难受呀。请你再剃得干净一些哦。

②
你怎么这样说呀！

③
我提醒了你之后，心里都有些不痛快了。
什么呀？

④
哎呀我更难受了，你要怎么补偿我呀？

---

① 回旋镖：又名飞去来器、回飞镖，澳大利亚土著人使用的飞射狩猎武器。——译者注

毋庸置疑，我们所做之事、所述之言会影响到对方。

然而在此之前，这些言行会像回旋镖一般，飞回到自己的心里，掀起万丈波澜。

譬如，我们强迫他人听从吩咐，或是命令他人做某事时，“对他而言，我们的行为极具压迫性”这一信息将会再次输入我们自己的内心之中。

最终，上述信息将自动转化为“自己的言辞粗暴无礼，这恰恰说明了彼此之间的关系剑拔弩张”，我们内心对此深信不疑。与此前相比，我们会在精神层面更戒备对方。

于是，我们将会下意识地感受到某种不适，并为此而痛苦不已。

伤人的话一旦说出，它将立刻反噬，在我们心里兴风作浪，我们将不胜其苦。

此时，我们可以试着探问对方：“最近一切可好？”倘若双方之间关系亲密，我们可以喂对方吃东西，示好性地问询他好不好吃，抑或是紧紧握住对方的手。

如此一来，大脑会下意识地将上述行为转化为“自己之所以做出亲昵的举动，恰恰说明了对方足以为信”。

最终，受到“回旋镖”的影响，我们将会心旷神怡，情绪也会好转不少。因此，亲切待人并不只是为人，也是为己。

在此过程中，我们还可以顺带消除彼此之间的芥蒂、与对方和睦共处，可谓是一举两得。

做不到就是做不到呀

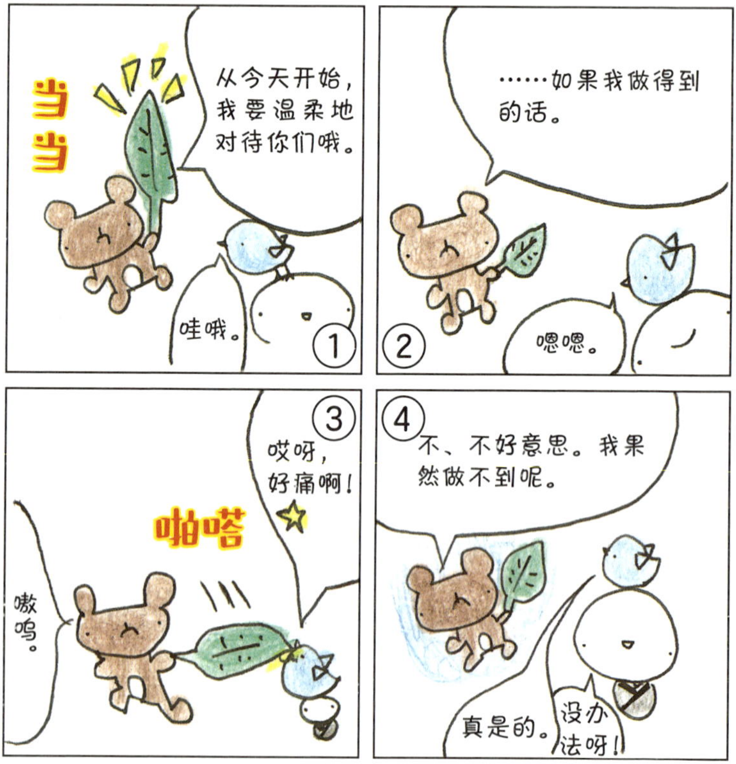

当当
从今天开始，我要温柔地对待你们哦。
哇哦。

……如果我做得到的话。
嗯嗯。

啪嗒
哎呀，好痛啊！
嗷呜。

不、不好意思。我果然做不到呢。
真是的。
没办法呀！

我们往往会盲目地挑战一些困难之事，即使它们已经超出了自身的能力范围。恕我直言，这种做法实是有勇无谋之举。

譬如，我们自认为与不善应对之人交往也是一种修行，由此便想要挑战一下自己。然而，没过多久便忍无可忍……

抑或是，我们着急想要改掉粗心大意的坏习惯，但却无法一蹴而就，当制作糕点时又一次放错了白砂糖和食盐时，就会对自己大失所望……

再比如，我们想要一下子将待人接物的亲切和善度提升50%，而非循序渐进地提升 5%。这样勉强反而会让自己更加焦躁不安。

对当下的自己而言，挑战这些超出自身能力范围之事，可谓是一种“苦行”，强行为之将会一无所得。

因此请读者朋友们牢记，做得到就是做得到，做不到就是做不到。我们绝无可能实现那些无法做到之事。

若是硬要让现在的自己去做一些无法做到之事，就好比那些无法理解孩子的父母。孩子的内心本已伤痕累累，父母却一再对他说：“你应该要做得比现在更好才对。”

有做好之心，能做好之事自然能做好。而那些无法做到之事，至少当下再努力也无法实现。

当无法做到时，如果其他人或是自己，一直都在强行给自己灌输“如果认真做就一定能做好”的思想观念，我们的内心将会在重压之下疲惫不堪。

因此从某种意义上说，“做不到就是做不到”，原谅自身的无能为力也很重要。

然而这并非意味着自暴自弃、将错就错和随波逐流，不然就是又走向了与“苦行”相反的另一个极端。

如果当下的自己无法做到，那就请原谅自身的无能为力，同时，静待时机。伴随着内心逐渐走向平静，“改变之芽”也终将萌发。

获得他人认同之欲

今天好凉快呀。
一☆
①

确实如此，但你这句话也太过平淡无味了。
嗯嗯。
啪嗒
②

③
那么……那些有着蔚蓝色心灵的小鸟，想要被人摸一摸小尾巴哦。
哇哦。

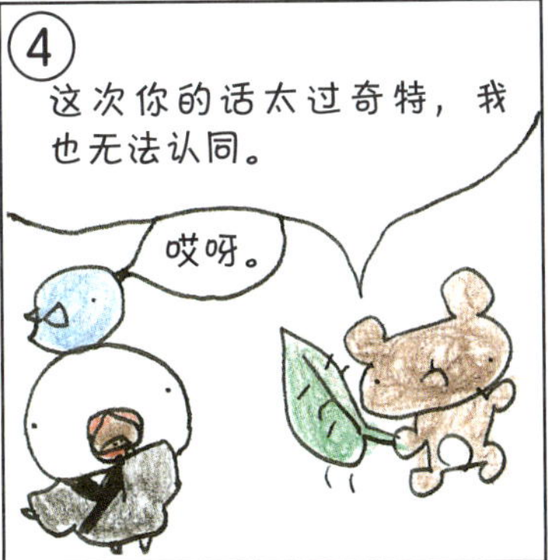
④
这次你的话太过奇特，我也无法认同。
哎呀。

（创作本则四格漫画之际，正值酷暑炎炎的夏日）

盛夏的酷热席卷全国各地，人们都会相互问候道：“今天好热呀”“确实如此，今天也太热了”。

最近，我也开始使用一些平淡无味的问候语，例如：“今天太热啦”“天气变凉快了呢”。但我恍然发现此类问候语之所以广为使用，归根结底是因为人与人之间无法相互理解。由此，寂寞感便会油然而生。

一个人说着“天气好热啊”，另一个人则笑嘻嘻地回一句“是啊是啊”。通过几句平淡无味的简单问候，自己便能感觉到他人的认同，双方共享某种感受，这个认知会让我们的内心稍稍安定一些。

然而，假如你提出了更为细致、奇特的言论或是原创性的主观意见，则往往会遭遇反驳、批评和质疑。在人类社会中，这种事屡见不鲜。

我的哥哥正在经营着一家蔬菜店，我在和他相互问候之际，无意间发现自己不由自主地松了一口气，便察觉到了内心之中强烈的寂寞感。

注意事项

①

小心哦，你的手不要受伤了。

订书机

哼

②

我希望你再多关心关心我。

③

那再来一遍。

订书机

要是你的手受伤了，我会悲痛不已、哭泣不止。

④

好，就买它了。

谢谢惠顾。

如实地接受事物，不接收处理任何冗余信息。有些时候，我嘴上说着要这样做，大脑却冥顽不化，盯着商品信息看个没完。

例如，我正大口大口地品尝着草莓豆沙团子时，脑中蓦然想到“这一枚团子究竟有多少克呢”。定睛一看，包装袋上却只写着“内置一枚团子”。

“这一点任谁都明白，我想知道的是这枚团子具体的克数。”

当自己这样想时我才发现，大脑宛如顽童一般冥顽不化，它是那么喜欢挑人毛病。正如本则漫画中的小熊一般，它也太过恣意妄为了。

倘若无论如何也改不掉，那么或多或少自我控制一下也好。

相似之物的等级差

①
这个牛油果口感细腻，好好吃呀。真不愧是“森林里的黄油”。
好吃好吃。

②
嗷呜
我从你的话中听出了“黄油优于牛油果”之意，真是无法忍受。

③
我也依葫芦画瓢，把“黄油”叫作“牧场里的牛油果”。

④
牧场里的……
牛油果！
正是如此！

正是如此，“森林里的黄油”这种说法之中隐含着“黄油优于牛油果”之意；“像栗子一样的南瓜”这种说法之中也隐含着“栗子优于南瓜”之意；“像桃子一样的西红柿”则是以“桃子优于西红柿”作为价值判断的前提。

南瓜过于像栗子或是西红柿过于像桃子，都会让人困扰不已。其原因在于，南瓜和西红柿的特殊风味全都消失殆尽了。

在过往的人物设定中，“小熊”这一角色其实是一只非常像熊的小狸猫，它梦想着有朝一日能够获得熊权，但却因为无法变成一只彻头彻尾的小熊，心中悲苦难当。这一故事大概知之者甚少吧。

（被称作小熊的）小狸猫一直为“小熊优于小狸猫”的思想观念所困扰，成日模仿成小熊的样子，性情也变得乖张孤僻。但有朝一日，我会再创作一则漫画，让“小熊”脱下伪装的外衣，回归原先小狸猫的模样。（笑）

顺带一提，某些人看到乡村风景后欣喜若狂，不由地赞叹道：“这里宛如电影《龙猫》[1]的世界！”然而，他们并非着眼于现实世界中的乡村，而是以“《龙猫》的世界（即美好的事物）”来类比乡村。实际上，这一现象的实质与上述“森林里的黄油”殊无

---

① 《龙猫》是日本知名导演宫崎骏执导的动画电影，1988 年于日本上映。该影片中，日本农村田园的场景优美，洋溢着大自然的清新气息。——译者注

二致，即他们认为“《龙猫》的世界优于现实中的乡村”。

在回忆的作用之下，我们无法看清现实世界，无论面对任何事物，都要强行加上“与某物相似”的标签。倘若这一幻术不再生效，那么熊就是熊、狸猫就是狸猫;《龙猫》的世界就是《龙猫》的世界、现实乡村就是现实乡村……读者朋友们意下如何呢?

黑色情人节与绿色情人节

①

泼泼鸟

小平凡

我才不过白色情人节呢，我要过黑色情人节！我要把这瓶墨水送给讨厌的人！

你在说什么呀！

②

那、那小熊我要过绿色情人节！我要把小叶子送给那些我毫无兴趣之人！

谢、谢谢！

③

你们真是兴致勃勃啊！

④

我们要把，

墨水送给你！

漫画中的“黑色情人节”和“绿色情人节”不过是句笑谈。但倘若有朝一日，我们能够温柔地对待那些自己不擅应付和毫无兴趣之人，将这一天设作纪念日亦未尝不可。

春日里的某一天，我漫步于山野之上。山间的荠菜和阿拉伯婆婆纳开着可爱的小花，小鱼儿在溪水中悠然自得地游动。此时，上述琐思杂念倏然间浮现在脑海里，我便将其绘制成了本则四格漫画。

除了喜欢的人，也请你试着温柔对待那些自己毫无兴趣之人（假如无法时时做到，偶一为之亦可）。请你驻足留步，试着心平气和地看待那些毫无兴趣的人和事，像是游动于溪流中的小鱼儿和站在一旁的白鹭。

当此万物复苏、生机勃勃的春日，我似能感觉到天地灵气汇集于己身，油然而生“想要温柔对待这个世界”之念。

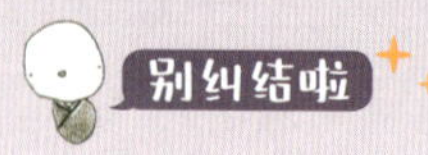

和内疚感说再见

不通世事的我对待事情常常马马虎虎，但唯独对待交稿一事，每次都会如期完成。其原因在于，我尽量不想让熟识的编辑老师为难。然而，目前列入计划安排的一本书已经过了截稿日期，我却一点儿也没动笔。即便如此，有时候我也会为了恢复精力，花时间进行冥想修行。

这么说来，脑海中倏然闪过一念……每日冥想四五个小时是否合适？我的心中产生出某种内疚感：是不是应该节省下坐禅的时间提笔创作呢？

但这也太过危险了！在内疚感的裹挟下勉强自己，便会破坏自然的生活节奏。假如这份压力挥之不去，就很有可能会对工作本身产生厌恶情绪。因此，我们既不要为难大象编辑，也不要给自身带来压力。在此平衡之中不断精进，可谓是“次优之策”。

在内疚感的作用下，我们常会做着情非所愿之事。为了避免上述事情的发生，不妨放平心态，保持原有的生活节奏。

成长之乐

静
啾啾啾。
①

以前我还会受到干扰，现在已经能够入定了。
哇哦！
②

③
我感觉到自己成长了不少，修行卓有成效。
现在
过去

④
你一直和过去比较，这还是在原地踏步呀。
哎？

秋日里的某一天，我收到了不少清爽可口的大葡萄。我剥开葡萄皮后放入嘴里大口咀嚼，用舌头探查出葡萄籽的位置，一边吐籽一边品尝着甘美爽口的葡萄汁。

正当大快朵颐之际，一件往事浮上心头，让我不由得满心欢喜。

孩童时期，笨头笨脑的我难以分辨出口中的葡萄籽，常常一不小心就把籽嚼得四分五裂。我讨厌葡萄籽的苦涩之味，索性在吃之前先剥去葡萄皮，再用手指将果肉掰成两半儿，去除葡萄籽后再品尝。

剥皮去籽后，手会变得黏黏糊糊的。此时，我印刻下了“吃葡萄麻烦至极，会让手变得黏黏糊糊”的印象。

但由于坚持坐禅冥想，我的身体感觉也不再迟钝缓慢。在吃葡萄时，舌头也能轻松地感知到葡萄籽的位置所在。

体会到了这些细微的改变后，我不由得沉溺在“成长”的自我满足之中。

毋庸置疑，为“自我成长”而欢欣雀跃，此举将会强化“营造自身美好形象”的欲望，如此一来反倒会阻碍成长的步伐。

由此观之，我们不难发现，很多人的话中都暗含着“现在的自己比过往的自己更加优秀”这一信息。

这一习惯根植于每个人的心中，我们会因为自我满足而停滞不前、故步自封。

假如你在某一时刻意识到了这一问题，只需察觉到这是一种“自我满足”的现象，从中脱离并放平心态、不再为之欢欣雀跃即可。

成长亦是如此。我们动辄便会陷入自我安慰的思维模式之中，自认为“我进步了”“我顿悟了”“我已经成长到了如此地步”……请将它们从心中一扫而空吧。

放轻松哟

①
假如您发现了可疑物品，请立即告知工作人员。
摇摇晃晃
哎呀。

②
咯噔咯噔
这个东西有些奇怪哟。
谢谢。

③
但、但是，我没有立即告知您，非常抱歉。
摇摇晃晃

④
没有立即告知也无妨哟。
大吃一惊
真、真的吗？！

我想除了波波鸟，一般不会有人听到电车的广播里播报“请立即告知工作人员”，便恪守字面含义，慌里慌张地“立即告知”。

然而，任何人一旦面对至关重要的任务时，心中的“列车长”都会播报道:“请你立即顺利完成这项任务。”

在这一命令的催促下，我们慌慌忙忙地投身于任务之中，反而会使自己精神异常紧绷、无法发挥出真实实力，进而还会变得疲惫不堪。

前不久，我主办了一场为期十日的集训活动，活动内容以坐禅冥想和步行冥想为主。第一天，学生们或多或少地都有些紧张不安。很多人都会夸下海口:“若不达成某一目标，誓不罢休！”

既是如此拼命，他们自然无法全神贯注于冥想之上，也无法培养敏锐的觉察力。或迟或早，学生们都会精疲力竭。

因此，单是前两天就有学生抱怨道:“我第一次一天之内走这么远，真是一步也走不动了。”但就是这位学生，五天之后他竟然在休息时间里还坚持不懈地进行着冥想。

其背后的原因究竟何在？过往，我们受到“必须成为某人”“想要提升冥想能力”等目标的束缚，终日里焦躁不安。此时，我们摆脱了上述目标的束缚，开始体会到了“此时、此地、此刻”身体的细微感受。

只要你沉浸在这之中，内心便没有好坏、优劣的执念，而是

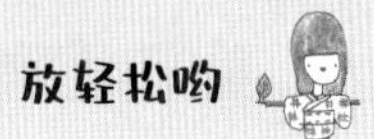

充盈而又自足。因此，虽然意识正在不断觉醒，但人却无限放松。

无论学生走多久、坐多久，都已不再感到疲惫。这真是一次绝妙的心灵成长之旅，每一位学生的感受力都已十分敏锐，彼此之间相互促进、相互成长。他们都是修行旅途中的好伙伴。

我认为自身的使命正在于此。今后，我打算持之以恒地举办更多此类集训活动。

自动补充

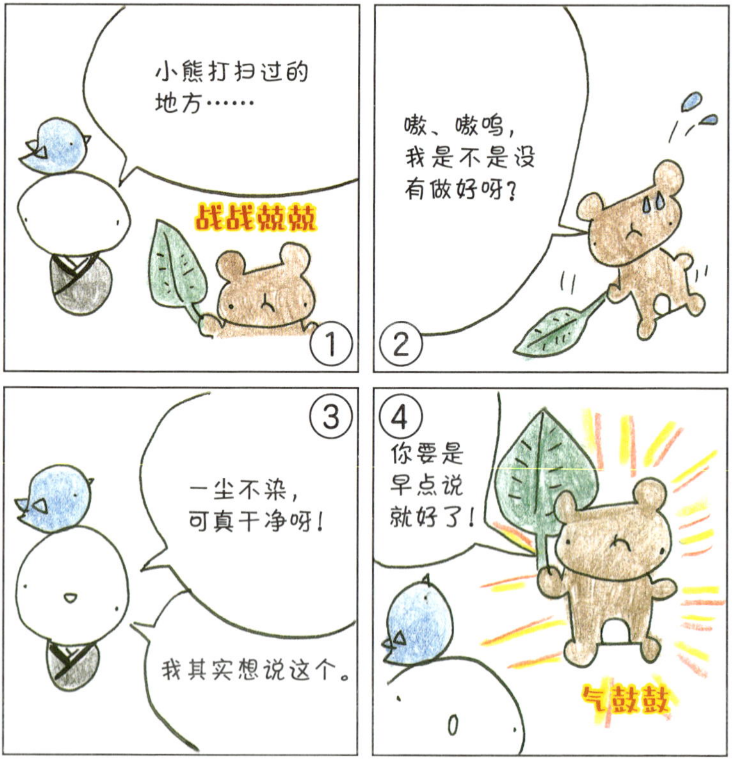

①
小熊打扫过的地方……
战战兢兢

②
嗷、嗷呜，我是不是没有做好呀？

③
一尘不染，可真干净呀！
我其实想说这个。

④
你要是早点说就好了！
气鼓鼓

我们的大脑竟然具备自动补充后续内容的功能！这一功能有时会妨碍我们沟通交流的顺利进行。例如，本则漫画中小和尚提及打扫一事后，小熊下意识地预想自己会遭受责骂，并为此而紧张不安。纵使小和尚的本意是表扬小熊，小熊也没有把他的话听完，而是自作主张地找借口开脱责任。

换言之，假如你惴惴不安，即使真实情况并非如此，你也会在对方话未说完之际，消极地自动补充上后续内容。

这就好比大家在使用电脑和手机打字时，只需输入首字母，系统就会自动联想，显示相关词汇。

我们往往不把话听完，便随心所欲地加以补充。换言之，大脑会径自改变话题，以使其符合自身所想。

我恰好碰上了一个极为合适的事例用于佐证这一点，且听我娓娓道来。

小 A 说道:“最近，我的父母对我说:‘你已经到了大叔的年纪了’。我也应该接受这一点，在这之后……”

小 B 马上回了一句:“你还很年轻呀，才不是大叔呢！”

小 A 积极地将“成为大叔”这件事看作是思想成熟的外在表现，而小 B 则消极地认为这是年老体衰的外部特征。正因如此，还没把话听完，小 B 就自行加以补充:“他应该是在自怨自艾，抱怨自己变成了大叔。”

于是小 B 出于好心，回了小 A 一句："你才不是大叔呢。"但不凑巧的是，小 A 并不希望被小 B 这样回复。积极的小 A 和消极的小 B，两个人的想法南辕北辙。在这个世界上，此类小事比比皆是。因此，我们一定要把话听完，千万别一不小心就自动补充上后续内容哦。

再温和一点

你也太任性了吧！

请试着再温和一点。

嗯嗯。

你可不能太任性哦。

请再换个说法，再温和一点。

再温和一点呀……

温和一点，再温和一点，

请勿让自己刺耳的话语

和冷漠的声音，

像回旋镖一样，

回转刺入自己的内心。